城镇污水处理及再生利用工艺手册

刘 操 主编

U0353638

中国环境出版社·北京

图书在版编目（CIP）数据

城镇污水处理及再生利用工艺手册/刘操主编. —北京：
中国环境出版社，2015.3
ISBN 978-7-5111-2262-9

Ⅰ. ①城… Ⅱ. ①刘… Ⅲ. ①城市污水处理—
手册②城市污水—废水综合利用—手册 Ⅳ. ①X703-62
②X799.303-62

中国版本图书馆 CIP 数据核字（2015）第 037336 号

出 版 人	王新程	
责任编辑	丁莞歆	
责任校对	尹 芳	
封面设计	岳 帅	

出版发行　中国环境出版社
（100062　北京市东城区广渠门内大街 16 号）
网　　址：http://www.cesp.com.cn
电子邮箱：bjgl@cesp.com.cn
联系电话：010-67112765（编辑管理部）
010-67175507（科技标准图书出版中心）
发行热线：010-67125803，010-67113405（传真）

印　　刷	北京市联华印刷厂	
经　　销	各地新华书店	
版　　次	2015 年 4 月第 1 版	
印　　次	2015 年 4 月第 1 次印刷	
开　　本	880×1230　1/32	
印　　张	5.75	
字　　数	135 千字	
定　　价	28.00 元	

编 委 会

主　　编：刘　操

参编人员：何　刚　黄炳彬　顾永钢　邱彦昭

序

为加强污水处理和再生水利用工作，破解污水处理设施建设滞后于城市发展速度的难题，北京市政府于 2012 年 6 月发布了《关于进一步加强污水处理和再生水利用工作的意见》，并于 2013 年 4 月出台了《加快污水处理和再生水利用设施建设三年行动方案（2013—2015 年）》，进一步明确了污水处理和再生水利用工作在首都生态文明建设中的重要性和紧迫性。要求到"十二五"末建成一批再生水厂、配套管线以及污泥无害化处理设施，构建完善的运营及监管体制，实现首都水环境的明显好转。

本手册的编制结合北京市水务工作特点和北京地区水污染控制与治理的具体实际，总结国内外城镇污水处理及再生水利用领域的常见工艺，重点针对现行新标准的要求，结合案例分析，介绍若干种能满足相关出水水质标准的工艺组合方案，以及城镇污水处理厂的建设流程，为加快污水处理和再生水利用设施建设提供技术参考。

王洪臣

2015 年 3 月

目　录

第1章 概 述

1.1 北京市社会经济发展概况

2013 年北京市常住人口和地区生产总值，详见表 1-1。

表 1-1 2013 年年末北京市常住人口和地区生产总值

地区	常住人口/ 万人	常住人口密度/ （人/km²）	地区生产总值/ 亿元
全市	2 114.8	1 289	19 501
首都功能核心区	221.2	23 942	4 397
东城区	90.9	21 715	1 571
西城区	130.3	25 787	2 826
城市功能拓展区	1 032.2	8 090	9 172
朝阳区	384.1	8 440	3 964
丰台区	226.1	7 394	1 008
石景山区	64.4	7 638	365
海淀区	357.6	8 302	3 835
城市发展新区	671.5	1 067	4 117
房山区	101.0	508	482
通州区	132.6	1 463	500
顺义区	98.3	964	1 232

地区	常住人口/万人	常住人口密度/（人/km²）	地区生产总值/亿元
昌平区	188.9	1 406	557
大兴区	150.7	1 454	432
北京经济技术开发区			913
生态涵养发展区	189.9	217	781
门头沟区	30.3	209	124
怀柔区	38.2	180	200
平谷区	42.2	444	169
密云县	47.6	214	195
延庆县	31.6	158	92

由表 1-1 可知，2013 年北京市全市常住人口 2 114 万人，其中朝阳、海淀和丰台区人口最多，分别为 384.1 万人、357.6 万人和 226.1 万人。北京市常住人口密度各地区相差较大，其中首都功能核心区人口密度达 23 942 人/km²，而生态涵养发展区人口密度仅为 217 人/km²。2013 年，北京市地区生产总值达 19 501 亿元，其中第一、第二、第三产业地区生产总值分别为 162 亿元、4 352 亿元和 14 986 亿元。因此，北京市城镇污水以生活污水为主，工业废水比例很小。

1.2 北京市投运污水处理设施

截至 2014 年 4 月，北京市共有 77 个污水处理设施，日处理能力达 355 万 m³，各类工艺如表 1-2 所示。其中，活性污泥工艺包括传统活性污泥法、氧化沟、A²/O 和 SBR 等仍占据主要地位。MBR主要应用于再生水厂，例如北小河、清河再生水厂。

表 1-2　北京市污水处理所用工艺类型

工艺	污水处理厂/个
传统活性污泥工艺	18
氧化沟及其改良	16
A^2/O 及其改良	13
SBR 及其改良	16
生物膜法	8
MBR	6

然而，由于北京市经济社会的快速发展及人口的过快增长，致使现有污水处理设施能力不足。清河、小红门等污水处理厂超负荷运行，每天有 50 万～60 万 t 污水未经处理污水直接排入河道。

1.3　北京市污水处理和再生水利用设施建设需求

根据《北京市加快污水处理和再生水利用设施建设三年行动方案（2013—2015 年）》指出，到"十二五"末，全市需新建再生水厂 47 座，所有新建再生水厂主要出水指标一次性达到地表水 IV 类标准；升级改造污水处理厂 20 座，新增污水处理能力 228 万 m^3/d。因此，北京市亟须建设一批再生水厂。本手册旨在介绍城镇污水处理及再生利用常用工艺及其组合工艺，为加快北京市污水处理设施提供技术参考。

第2章　常规处理工艺

目前，城镇污水处理厂的生物处理单元主要由活性污泥工艺和生物膜工艺组成。活性污泥法主要有普通活性污泥法及其变型工艺、氧化沟工艺、SBR 工艺等组成。活性污泥法的主要工艺分类见图 2-1。

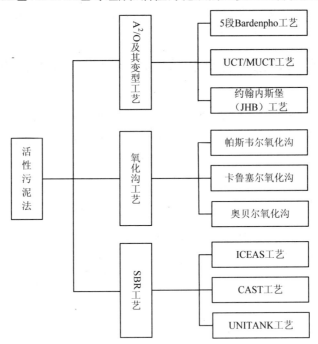

图 2-1　活性污泥处理工艺分类图

生物膜法主要由生物滤池工艺、生物转盘工艺、生物接触氧化工艺、生物流化床工艺等组成。生物膜法的主要工艺分类见图 2-2。还有将活性污泥与生物膜结合为一体的工艺，如 IFAS 与 MBBR 工艺。

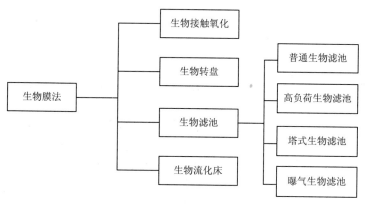

图 2-2　生物膜处理工艺分类图

2.1　传统活性污泥工艺

2.1.1　概述

普通活性污泥工艺，又称传统活性污泥工艺（Conventional Activated Sludge Process），原污水从曝气池首段进入池内，由二次沉淀池回流的回流污泥也同步注入曝气池。这里的曝气池是完全好氧状态，不是缺氧或厌氧池，如图 2-3 所示。污水与回流污泥形成的混合液在池内呈纵向混合的推流式流动，在池的末端留出池外进入二次沉淀池，在二次沉淀池中处理后的污水与活性污泥分离，部分污泥回流至曝气池，部分污泥作为剩余污泥排出系统。

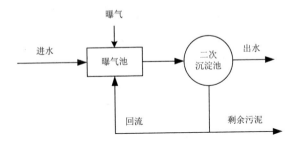

图 2-3 传统活性污泥工艺示意图

传统活性污泥工艺是最基本的活性污泥工艺，其他的各种工艺（A/O、A²/O、氧化沟等工艺）都是在此基础上发展而成的。就水质而言，传统活性污泥工艺的主要目的是去除有机物和悬浮物（SS），对于典型的生活污水，传统活性污泥工艺能使出水 $BOD_5 < 20$ mg/L、$SS < 20$ mg/L。

一般理解上，传统活性污泥工艺不具备去除氨氮的能力，但在实际的污水处理厂中，经常会观察到硝化的现象，而且对于池容较为宽裕的污水处理厂，合理的优化运行调控往往能达到较为理想的硝化效果。

2.1.2 工艺特征

一般而言，传统活性污泥工艺在进水质量、水质相对稳定的条件下可以获得良好的出水效果，这一点已经在世界各地的污水处理厂得到证实。对于典型的生活污水，传统活性污泥法对于 BOD_5 和悬浮物的去除率都很高，达到 90%～95%。运行良好的传统活性污泥法可以得到如下的出水水质：COD40～60 mg/L，BOD_5 10～

20 mg/L, SS 10～20 mg/L。如果在沉淀池之后辅以过滤措施, 出水水质可以进一步降低, 一般过滤之后的出水 BOD_5＜5 mg/L、SS＜5 mg/L。

传统活性污泥工艺对进水 COD 有较高的承受能力, 对于 COD＜1 000 mg/L 的生活污水, 传统活性污泥工艺都没有问题。实际上, 即使是 COD＞1 000 mg/L 的污水, 传统活性污泥工艺也能处理, 但此时就变得不那么经济, 厌氧处理则显得更为合适。

活性污泥工艺不仅对有机物有良好的去除效果, 还对病原微生物有相当的去除效果。活性污泥工艺对病原微生物的去除主要是通过沉淀、吸附与污泥絮体结合在一起, 去除效果一般为 40%～99%。例如活性污泥工艺对蛔虫卵的去除主要是通过泥水分离来实现的, 曝气过程本身对蛔虫卵、隐孢子虫和贾第鞭毛虫并没有多少去除效果。肠道微生物的去除主要是通过吸附、沉淀附着于污泥絮体上, 因此污泥上的病原微生物的含量非常高。

然而, 传统活性污泥工艺也存在自身的局限性:

（1）剩余污泥量大。对于活性污泥工艺, 去除有机物的同时也必然形成大量的污泥, 这是活性污泥工艺无法回避的问题, 当然也是活性污泥工艺的一大弊端。很多污水处理厂在设计之初往往低估了产泥量, 造成日后污泥脱水运行困难, 脱水机超负荷运行。

（2）池容大, 能耗高。曝气池首端有机污染负荷高, 好氧速率也高, 为避免由于缺氧而形成厌氧状态, 进水有机负荷不宜过高。因此, 在处理同样水量时, 与其他类型的活性污泥法相比, 曝气池容积相对庞大, 能耗也高。

（3）耐冲击负荷差。传统活性污泥工艺耐冲击负荷能力差, 进水水质水量变化剧烈时运行困难。因此, 传统活性污泥工艺适用于大中型污水处理厂（日处理能力在 20 万 t 以上），对小规模的生活污水、娱乐场所排出的生活污水及水质水量变化较大的工业废水，如不采取调节措施，则不宜采用。

2.1.3 常见问题及对策

活性污泥工艺常见问题主要是污泥膨胀和泡沫现象，下文将详细介绍这两类主要问题的分类、成因以及控制方法。

2.1.3.1 污泥膨胀

污泥膨胀是活性污泥工艺中常见的一种异常现象，是指活性污泥由于某种因素的改变，导致污泥沉降性能恶化，污泥随二沉池出水流失。发生污泥膨胀后，流失的污泥极易使出水悬浮物超标，如不采取控制措施，污泥继续流失会使曝气池微生物量锐减，不能满足氧化分解污染物质的需要。活性污泥的 SVI 值在 100 左右，其沉降性能较佳；当 SVI 值超过 150 时，预示着活性污泥即将或已经发生膨胀现象，应立即采取控制措施。

（1）污泥膨胀的分类

污泥膨胀可以分为丝状菌膨胀和非丝状菌膨胀两大类。

① 丝状菌膨胀

丝状菌污泥膨胀是指活性污泥絮体中的丝状菌过度繁殖而导致的污泥膨胀。活性污泥中通常含有一定数量的丝状菌，丝状菌形成活性污泥絮体的骨架。如果丝状菌数量过低，活性污泥则不能形成较大的絮状体，沉降性能不好；如果丝状菌过度繁殖，则极易形成丝状菌膨胀。

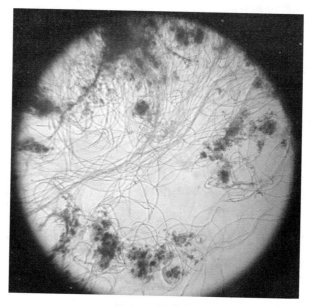

图 2-4 丝状菌

在正常情况下，活性污泥菌胶团生长速率远大于丝状菌，丝状菌不会出现过度繁殖的现象。但当活性污泥环境条件恶劣，由于丝状菌表面积较大，因此抵抗环境变化的能力更强，丝状菌数量就可能异常增多，从而导致丝状菌膨胀。以下几种原因容易发生丝状菌膨胀：

- 进水有机物太少，曝气池内活性污泥系统污泥负荷（F/M）太低，微生物食料不足或氮、磷等营养物质缺乏，菌胶团正常新陈代谢受到抑制，给丝状菌生长创造了有利的环境条件。

- 曝气池内溶解氧（DO）过低，或是供氧不足，或是由于进水含有油类物质。虽然实测曝气池水中溶解氧足够，但微生物受油性包裹造成氧传递受阻。也可能在夏季水温偏高（正常生长所需温度为 25～30℃）的情况下，水中溶解氧转移受到抑制，从而使得微生物正常生长受到干扰或抑制。

- 进水因过度腐化产生较多硫化氢（超过 2 mg/L），也易导致丝状硫黄菌过度繁殖而发生硫黄菌污泥膨胀。
- 进水水质或水量大幅波动，对微生物造成冲击。此种情况经常容易被污水处理厂运行管理者所忽视。
- 活性污泥生长环境中 pH 偏低。

② 非丝状菌污泥膨胀

非丝状菌污泥膨胀是指活性污泥菌胶团的细菌本身生理活动异常导致的污泥膨胀。通常有两种原因会导致污泥发生非丝状菌污泥膨胀：

- 有机负荷过高。由于进水中含有大量的溶解性有机物，使活性污泥系统污泥负荷（F/M）太高，缺乏足够的氮、磷等营养物质，或者使混合液内溶解氧不足。过高污泥负荷时，细菌会把大量有机物吸收入体内，而由于氮、磷缺乏或溶解氧不足又不能在体内进行正常的分解代谢。此时，细菌会向体外分泌出过量的多聚糖类物质。这些物质由于分子式中含有很多羟基具有较强的亲水性，使活性污泥中结合水高达400%（正常为 100%左右的结合水）或以上。活性污泥呈黏性的凝胶状，使得活性污泥无法在二沉池内形成有效的泥水分离及浓缩效果。这种情况属黏性膨胀。
- 进水中含有大量有毒有害物质。有毒位置导致污泥中毒而使得细菌不能分泌出足够的黏性物质，很难形成絮体或仅能形成极为松散的絮体，因此污泥也无法在二沉池内形成有效的泥水分离及浓缩效果。这种情况属非黏性膨胀或离散性膨胀。当系统水温过低（低于 12℃），细菌生长受到严重抑制时也易发生此类膨胀，产生原因与污泥中毒原因基本类似。

（2）控制污泥膨胀的方法

① 絮凝剂助沉法

一般用于非丝状菌膨胀，是在曝气池中投加絮凝剂增强污泥凝聚性能，使活性污泥容易实现泥水分离和压缩。常用絮凝剂有聚铝、聚铁以及聚丙烯酰胺等，投加量为折合二氧化二铝量的 10 mg/L 左右。药剂投加点可设在曝气池进水口或出水口，投加时应从低浓度逐渐增加，投加后需密切关注污泥性能的变化，不宜过量投加，否则容易破坏污泥生物活性导致处理效率下降。

絮凝剂助沉法可在短时间内快速抑制污泥膨胀，但很明显这只是治标的办法，投加控制污泥膨胀后应尽快寻求彻底解决的途径。

② 杀菌法

一般用于丝状菌膨胀，是指在曝气池中投加化学药剂，杀死或抑制丝状菌过度繁殖，从而达到控制丝状菌异常增殖造成的丝状菌污泥膨胀。常用药剂有液氯、二氧化氯、次氯酸钠、漂白粉、臭氧和过氧化氢等，投加量约为折合氯 3‰~6‰（DS 活性污泥干固体重量）或投加点氯含量不高于 35 mg/L，臭氧投加量在 4 g/（kg·d）（O_3/MLSS）左右，过氧化氢投量为 0.1 g/（kg·d）（H_2O_2/MLSS）左右。加氯的加药点通常选择在回流污泥出口，加臭氧时通常直接在曝气池中投加，还可起到改善硝化作用和提高难降解有机物的去除率的作用。投药杀菌需从小剂量到大剂量逐渐进行，并随时观测污泥生物相以及 SVI 值，当污泥膨胀得到控制后应逐渐减少投量，当出现丝状菌菌丝溶解或 SVI 值快速降低至 100 以下时，应立即停止投药。

③ 工艺调整法

可针对造成污泥膨胀的原因，选择性地进行工艺调整法控制污泥膨胀。进水预曝气、在曝气池加强曝气、提高污泥回流比、降低污泥在二沉池停留时间等措施，以及适当减少进水量甚至不进水进行闷曝等方法，适用于曝气池溶解氧问题以及进水腐化造成的污泥膨胀；补充氮、磷等营养盐，保持混合液中碳、氮、磷营养物质平衡，调整 F/M 至正常水平，适用于污水营养失衡造成的污泥膨胀；pH 值过低造成的污泥膨胀可通过投加碱性物质，温度过低时可减少进水量并加大曝气量等方法，有条件的可以引入高温的工业用冷却水改善污水温度环境。

④ 生物选择器法

生物选择器法需进行有关工程改造，通常有好氧选择器、厌氧选择器和缺氧选择器。好氧选择器通常选择回流污泥进行再生性曝气，并在再生曝气过程中投加适量氮、磷等营养物质，使活性污泥微生物进入内源呼吸阶段，提高菌胶团摄取有机物及与丝状菌竞争的能力，从而人为造成菌胶团优势生长的环境，抑制丝状菌膨胀。厌氧选择器的原理是利用大部分丝状菌是好氧性，而大部分菌胶团细菌是兼氧性这一特性而设立，需注意如果厌氧停留时间过长容易产生丝硫菌污泥膨胀。缺氧选择器的原理是利用大部分菌胶团细菌能利用缺氧环境下的硝酸盐田作氧源进行生物繁殖，而丝状菌没有这种功能，将在选择器中受到抑制。

2.1.3.2 泡沫

泡沫是活性污泥工艺中常见的一种异常现象，是指曝气池中产生大量泡沫，通常分为化学泡沫和生物泡沫两种情况。

化学泡沫通常发生在活性污泥培养初期或曝气池混合液污泥浓度过低的情况下，是由污水中的洗涤剂等表面活性物质在曝气的搅拌和吹脱的作用下形成的。此类泡沫比较容易处理，通常用水冲即可，活性污泥系统恢复正常后化学泡沫就自行消退。

生物泡沫是由于诺卡氏菌属的一类丝状菌形成的，呈褐色。当水中存在油、脂类物质或含脂微生物时，极易产生生物泡沫。生物泡沫容易阻碍氧气转移，降低充氧效率，容易携带悬浮物而影响出水水质，也容易损坏污泥正常性能而影响后继污泥处理工艺，还容易造成一系列环境卫生和安全健康问题。生物泡沫较难处理，通常可有以下方法供选用：

- 喷洒水。可用高压水枪打碎水面泡沫，并起到稀释表面发泡源浓度的作用。由于没有根本消除泡沫产生的根源，仅在应急时使用。

- 投加杀菌剂或消泡剂。杀菌剂通常考虑采用强氧化性药剂，如次氯酸钠、臭氧和过氧化物等，消泡剂通常为聚乙二醇、硅酮等为主原料的市场销售药剂，还可以选用钢铁、铜材及铝材酸洗废液稀释后用作消泡剂。使用方法就是将以上材料直接喷洒到曝气池或二沉池泡沫表面，既可消除泡沫又可杀死造成泡沫的发泡菌种。值得注意的是，此方法对活性污泥同样具有杀伤作用，因此需确定对投加浓度及投加量的选取，并应从小剂量逐渐向大剂量过渡使用。

- 降低污泥龄，或者说降低生物系统混合液污泥浓度的方法，可对生长周期较长的发泡菌产生淘汰效用。

- 投加絮凝剂。直接向曝气池中投加絮凝剂，如聚铝、聚铁以及聚丙烯酰胺等，可以造成泡沫失稳，进而使丝状菌与投加的聚凝剂形成空间结构而与污泥一起沉降，达到消除泡沫的目的。

- 投加填料。向曝气池中投加适当填料，可使发泡源附着于填料生长而不产生泡沫。此方法同时可起到增加曝气池生物量、提高处理功能的作用。

- 具备条件的可将污泥厌氧消化池回流上清液投加至曝气池。研究表明该消化液能产生明显的抑制丝状菌生长的作用。但由于上清液含有大量 COD、氨氮及悬浮物等，极易造成出水水质超标，因此应谨慎使用。

2.2 A²/O 及其变型工艺

2.2.1 概述

A²/O 工艺是目前传统脱氮除磷工艺中应用较为广泛的一种工艺。A²/O 工艺的发展是借鉴了 A/O 工艺和 Bardenpho 工艺发展而成的。A²/O 的工艺流程如图 2-5 所示。

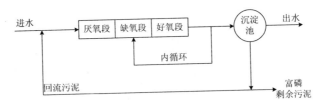

图 2-5 A²/O 脱氮除磷工艺流程图

传统的 A^2/O 工艺的工艺流程是：污水首先进入厌氧池，兼性厌氧菌将污水中的易降解有机物转化成挥发性脂肪酸（VFAs）。回流污泥带入的聚磷菌将体内的聚磷分解，所释放的能量一部分可供好氧的聚磷菌在厌氧环境下维持生存，另一部分供聚磷菌主动吸收VFAs，以聚-β-羟基丁酸盐（PHB）等有机颗粒的形式储存于细胞内。

进入缺氧区，反硝化细菌就利用混合液回流带入的硝酸盐及进水中的有机物进行反硝化脱氮。接着混合液进入好氧区，聚磷菌除了吸收利用污水中残留的易降解 BOD 外，主要分解体内储存的 PHB产生能量供自身生长繁殖，并主动吸收水中的溶解磷，以聚磷的形式在体内储存。污水经厌氧和缺氧区，有机物分别被聚磷菌和反硝化细菌利用后浓度已很低，有利于自养的硝化菌在好氧区的生长繁殖。

最后，混合液进入沉淀池，进行泥水分离，上清液作为出水排放，沉淀污泥的一部分回流厌氧池，另一部分作为剩余污泥排放。

2.2.2　工艺特征

A^2/O 工艺与其他同步脱氮除磷工艺相比，工艺流程较为简单，根据不同的脱氮要求可灵活调节运行工况便于维护管理，易于操作，去除有机物的同时可生物脱氮除磷，且污泥中含磷量较高，一般为2.5%以上。

A^2/O 工艺出水水质较好，为中水回用创造良好的条件。当进水碳源较为丰富时，A^2/O 工艺的出水总磷（TP）可以稳定地低于1 mg/L。在厌氧—缺氧—好氧交替运行下，丝状菌不会大量繁殖，SVI 一般小于 100，通常不会发生污泥膨胀。同时，剩余污泥在经过消化过程后可以较为稳定，消化过程产生的沼气可加以利用。A^2/O

工艺运用于大型污水处理厂，成本较低。在某些经济较发达地区，污水量较大，A^2/O 工艺不失为一种可取的选择。

然而，A^2/O 工艺仍有不足之处。A^2/O 工艺没有考虑到回流污泥中的硝态氮进入厌氧池，破坏厌氧池的厌氧状态，影响系统的除磷效率。因此在相同的进水水质前提下，A^2/O 工艺的除磷效果显然不如其变型工艺，如 UCT、MUCT、JHB 工艺。同时，A^2/O 工艺对总氮（TN）的去除效果有限。

硝化菌作为硝化过程的主体，硝化菌的一个突出特点是繁殖速度慢，世代比较长。在冬季，硝化菌繁殖所需的世代时间可长达 30 d以上，即使在夏季，在泥龄小于 5 d 的活性污泥法中硝化作用也是比较微弱的。A^2/O 工艺生物除磷的唯一渠道是剩余污泥的排放。为了保证系统的除磷效果需要维持较高的污泥排放量，为此不得不相应地降低系统的泥龄，而聚磷菌多为短世代时间微生物。显然硝化菌和聚磷菌在泥龄上存在着矛盾。泥龄太长，不利于磷的去除；泥龄太短，不利于脱氮过程。

A^2/O 工艺中反应池容积大，污泥内回流量大，能耗较高。与此同时，运用于中小型污水处理厂时，成本显得偏高，不再经济。目前不少污水处理厂沼气回收利用部分未运行或者运行效果不理想，浓缩池或者消化池上清液仍需要添加化学药剂，实现磷的去除。

2.2.3　A^2/O 的变型工艺

2.2.3.1　5 段式 Bardenpho 工艺

5 段式 Bardenpho 工艺可以看作是 A^2/O 工艺与后面的缺氧、好氧工艺的组合，由厌氧池、第一缺氧池、第一好氧池组成的部分和

A^2/O 工艺完全一样，第二缺氧池利用内源反硝化进一步脱氮，第二好氧池是用以吹脱氮气，并减少在二沉池中磷的释放。5 段式 Bardenpho 工艺主要是在高效脱氮除磷的基础上提高除磷效果。5 段式 Bardenpho 工艺的泥龄比 A^2/O 工艺的长，一般为 10～20 d，因此在工艺中可能存在着磷的二次释放问题，尤其是在第二缺氧池，为了达到出水总磷<1 mg/L 的标准，往往需要辅助化学除磷。

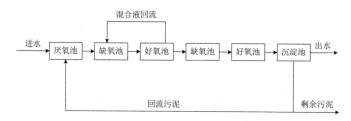

图 2-6　5 段式 Bardenpho 工艺

5 段式 Bardenpho 工艺的主要优点是各项反应都重复进行两次以上，各反应器都有其主要功能，并兼有其他功能，脱氮除磷效果良好。存在的问题是工艺复杂，反应器单元多，运行烦琐，成本高。

2.2.3.2　UCT 与 MUCT 工艺

UCT 工艺与 A^2/O 工艺的不同之处在于最终沉淀池回流污泥不是回流到 A^2/O 工艺的厌氧池而是回到缺氧池。这可以防止硝酸盐氮进入厌氧池，破坏厌氧池的厌氧状态，进而影响系统的除磷效率。由于回流污泥未进入厌氧池，因此 UCT 工艺需增加从缺氧池到厌氧池的缺氧池混合液回流，为厌氧池补充生物量。由于缺氧池中反硝化作用已使硝酸盐氮浓度大大降低了，缺氧池混合液回流不会破坏厌氧池的厌氧状态。

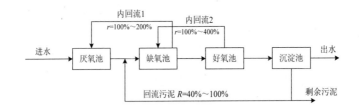

图 2-7 UCT 工艺简图

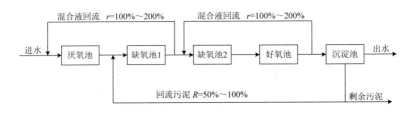

图 2-8 MUCT 工艺简图

MUCT 工艺是在 UCT 工艺基础上的改良工艺。该工艺将 UCT 工艺的缺氧池分为了两部分，回流污泥进入第一缺氧池进行单独脱氮，而混合液的脱氮是在第二缺氧池，这样第二缺氧池脱氮的效果差时就不会通过内回流进入厌氧池对释磷过程造成影响。

其基本原理是原污水和含磷回流污泥进入厌氧反应池进行磷的释放和吸收低分子量有机物；在缺氧池，以进水中的有机物为碳源，利用混合液回流带入的硝酸盐进行反硝化脱氮；然后从缺氧池进入曝气池，进一步去除 BOD，进行硝化反应和磷的过量吸收；在沉淀池中进行泥水分离，富磷污泥通过排剩余污泥把磷排出处理系统，达到生物除磷的目的。

污泥回流采用二级回流，回流污泥在第一个缺氧单元内就消耗掉了溶解氧和硝态氧，再将污泥回流至厌氧段，就能做到硝态氧的零回流，保证了厌氧池的厌氧状态，从而可以减小厌氧池的容积，提高生物除磷效果。

UCT 工艺减少了厌氧区的硝酸盐负荷，从而增加了除磷能力，脱氮除磷效果好，但由于增加了回流系统，操作运行复杂。

2.2.3.3 约翰内斯堡（JHB）工艺

本法源自南非约翰内斯堡，为 UCT 和 MUCT 的变型。JHB 工艺尽量减少硝酸盐进入厌氧区，提高较低浓度废水生物除磷的效率。回流活性污泥在进入厌氧区前先进入缺氧区，该区有足够的停留时间去还原混合液中的硝酸盐。硝酸盐的还原是靠混合液的内源呼吸率的驱动，而缺氧区的停留时间则取决于混合液的浓度、温度和回流污泥液中的硝酸盐浓度。

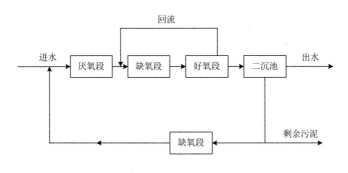

图 2-9 JHB 工艺简图

与 UCT 工艺比较，JHB 工艺在厌氧段内可以保持较高的 MLSS 浓度，因此厌氧段的停留时间较 UCT 工艺短，约为 1 h，这在很大程度上降低了厌氧池的池容。

2.2.4 小结

A^2/O 工艺的主要目的是脱氮和除磷。当进水 VFA 很充足的情况下，可实现高效的生物除磷。然而当进水 VFA 含量较低的时候，很难获得满意的除磷效果。另外，A^2/O 工艺没有考虑到回流污泥中硝酸盐对除磷的影响。因此，在相同的进水水质前提下，A^2/O 工艺的除磷效果没有 UCT、MUCT 和 JHB 等工艺强。

选择 A^2/O 还是 UCT 的区别在于进水碳磷比，如果 BOD$_5$/TP 在20 以上，回流污泥中的硝酸盐不会产生太大影响，A^2/O 会更适合一些，因为其不需要再增加一道从缺氧区回流到厌氧区的内回流；而如果进水的 BOD$_5$/TP 在 20 以下，UCT 和 MUCT 会更适合一些。JHB 工艺和 UCT 工艺在欧美国家已经取代了 A^2/O 工艺。与 UCT 工艺相比，JHB 工艺的形式更为简单，易于运行和管理。

2.3 氧化沟工艺

2.3.1 概述

氧化沟（Oxidation Ditch）也称为氧化渠，因其构筑物呈封闭的沟渠而得名。氧化沟是活性污泥法的一种改型，它把连续环式反应池作为生化反应器，混合液在其中连续循环流动。氧化沟使用一种带方向控制的曝气和搅动装置，向反应器中的混合液传递水平推动，从而使被搅动的混合液在氧化沟闭合渠道内循环流动。因此，氧化沟又称为"循环曝气池"或"无终端曝气系统"。

氧化沟应用多年，经久不衰，而且取得相当多的突破，例如：

1968 年出现了 Carrousel 氧化沟，1970 年出现了 Orbal 氧化沟，20
世纪 80 年代初出现了一体化氧化沟，1993 年出现了 Carrousel 2000
型氧化沟，1999 年又出现了 Carrousel 3000 型氧化沟等。

图 2-10　氧化沟

　　氧化沟工艺属于传统的二级处理工艺，在设计良好、运行稳定
的情况下，出水的 BOD_5 和 SS 基本为 10～20 mg/L，COD 一般为
40～60 mg/L。这与 SBR、A^2/O 等其他二级处理工艺并无太大差别。

2.3.2　工艺特征

2.3.2.1　构造形式和曝气设备的多样性

　　基本形式氧化沟的曝气池呈封闭的沟渠形，而沟渠的形状和构
造则多种多样，沟渠可以呈圆形和椭圆形等形状。氧化沟可以是单
沟系统或多沟系统。多沟系统可以是一组同心的互相连通的沟渠，

也可以是相互平行、尺寸相同的一组沟渠。有与二次沉淀池分建的氧化沟也有合建的氧化沟，合建的氧化沟又有体内式和体外式之分等。多种多样的构造形式，赋予了氧化沟灵活机动的运行性能，使它可以按照任意一种活性污泥的运行方式运行，并结合其他工艺单元，以满足不同的出水水质要求。

常用的曝气设备有转刷、转碟、表面曝气器和射流曝气等。不同的曝气装置导致了不同的氧化沟形式，如采用表曝气机的卡鲁塞尔氧化沟，采用转刷的帕斯维尔氧化沟等。与其他活性污泥法不同的是，曝气装置只在沟渠的某一处或者几处安设，数目应按处理规模、原污水水质及氧化沟构造决定，曝气装置的作用除供应足够的氧气外，还要提供沟渠内不小于 0.3 m/s 的水流速度，以维持循环及活性污泥的悬浮状态。

2.3.2.2 曝气强度可调节

氧化沟的曝气强度可以通过两种方式调节。一是通过出水溢流堰调节。通过调节溢流堰的高度改变沟渠内水深，进而改变曝气装置的淹没深度，使其充氧量适应运行的需要。淹没深度的变化对曝气设备的推动力也会产生影响，从而可以对进水流速起到一定的调节作用。二是通过直接调节曝气器的转速。由于机电设备和自控技术的发展，目前氧化沟内的曝气器的转速是可以调节的，从而可以调节曝气强度的推动力。

2.3.2.3 氧化沟内有推流和完全混合两种流态

从氧化沟的水体混合特性来看既有完全混合式反应器的特点，也有推流式反应器特点，若从整个氧化沟的角度来看，以水力停留时间为观察基础，可以认为氧化沟是一个完全混合反应器。污水一进入氧化沟，就被几十倍甚至上百倍的循环混合液所稀释，因此氧化沟可以按完全混合生化反应器动力学公式进行设计。另外，废水从排水口下游进入氧化沟，必须经过一次循环才能排出，废水在闭合渠道循环一次的时间很短，通常为 5～20 min。如果以废水在氧化沟中循环一次作观察基础，氧化沟又表现出推流式反应器的特质。

2.3.2.4 耐冲击负荷能力强

氧化沟中水力停留时间比较长，一般在 24 h 左右。同时，与其他工艺相比，混合液在氧化沟中循环量非常大，一般是污水进水流量的 30～40 倍。由于进入沟内的污水立即被大量的循环液所稀释，所以氧化沟具有很强的耐负荷冲击能力，可以应对进水流量的较大变化。

2.3.2.5 有明显的溶解氧梯度

氧化沟内有明显的溶解氧梯度，曝气装置在氧化沟中的布置特点也使氧化沟中溶解氧浓度呈现分区变化。在氧化沟内，溶解氧浓度在远离曝气装置的某一点会减少到零，使氧化沟某一段出现缺氧区，从而出现明显的溶解氧梯度。利用溶解氧在沟中浓度的变化及存在好氧区、缺氧区和厌氧区的特性，氧化沟工艺可以在同一构筑物中实现含碳有机物和氮磷的去除。因此，相对于活性污泥法处理厂在硝化时需要大大增加曝气池容量等方面的调整，氧化沟工艺在建造方面的优势较为明显。

2.3.2.6　简化了预处理和污泥处理

氧化沟的水力停留时间和污泥龄都比一般生物处理法长，悬浮性有机物与溶解性有机物同时得到较彻底的稳定，故氧化沟可以不设初沉池。由于氧化沟工艺污泥龄长、负荷低，排出的剩余污泥已得到高度稳定，剩余污泥量也较少。因此不再需要厌氧消化，而只需进行浓缩和脱水。

2.3.2.7　基建、运行费用低

国内大量工程实践表明，日处理规模在 10 万 t 以下，氧化沟基建费用明显低于普通活性污泥法、A/O 及 A²/O 等，规模越小采用氧化沟工艺越有利。另外，在规模较小的污水处理厂，氧化沟工艺的运行费用低于其他工艺。

然而氧化沟也存在以下不足之处：

（1）污泥易膨胀。经验表明，氧化沟工艺会经常出现污泥膨胀的现象，采用溶解氧控制脱氮过程的氧化沟工艺尤是如此。污泥膨胀影响污泥的沉降，从而进一步影响出水的水质，不利于氧化沟工艺的整体运行。

（2）水深较浅。氧化沟的曝气方式，无论是转刷、转盘还是立式表曝机，很难达到对 6 m 水深的充分曝气效果。如奥贝尔氧化沟的最大水深可以为 4.3 m；交替式氧化沟在没有安装搅拌器的情况下最大水深也为 4.3 m，如果安装搅拌器并配合转刷水深可以达到 5.5 m；卡鲁塞尔氧化沟的最大水深为 5 m。较浅的池深必然导致占地面积较大，这也是氧化沟工艺最显著的缺点。对于土地价格昂贵的地区这一点显得尤为突出。

（3）沟内积泥。氧化沟工艺在日常运行维护过程中易出现沟内积泥，对于采用曝气转刷和曝气转盘的氧化沟工艺尤为如此，转刷的浸没深度为 250～330 mm，转盘的浸没深度为 480～530 mm。与氧化沟水深相比，转刷仅占水深的 1/10～1/12，转盘也只占了 1/6～1/7，因此造成氧化沟上部流速较大，而底部流速很小，特别是在水深的 2/3 或 3/4 以下，混合液几乎没有流速，沟内大量积泥在所难免，优势积泥厚度达 1 m，这样大大减少了氧化沟的有效容积，降低处理效果，影响出水水质。

2.3.3　工艺分类

（1）连续工作式氧化沟

连续工作式氧化沟是指氧化沟只做曝气池使用，且进出水流向不变。由于氧化沟只做曝气池，因而连续工作式氧化沟系统必须设有沉淀池。二沉池可与氧化沟合建，也可以分建。分建式是指氧化沟与二沉池分开，中间由工艺管线连接；合建式系指氧化沟与二沉池连体或直接建在沟内。分建式氧化沟的主要形式有帕斯韦尔氧化沟、卡鲁赛尔氧化沟和奥贝尔氧化沟；合建式氧化沟按照沉淀的形式有 BMTS 式、沉淀船式、侧沟分离式等形式。合建式氧化沟省去了回流系统且占地少，但目前尚有很多问题需要解决，如排泥浓度太低使泥区构筑物增大，同时满足曝气和沉淀工况较困难等。

（2）交替工作式氧化沟

交替工作式氧化沟系统的特点是不单独设二次沉淀池，在不同时段氧化沟系统的一部分交替轮做沉淀池使用。该类氧化沟的特点是基建费用低、运行方便。交替工作式氧化沟有四种类型：A 型、VR 型、D 型和 T 型。

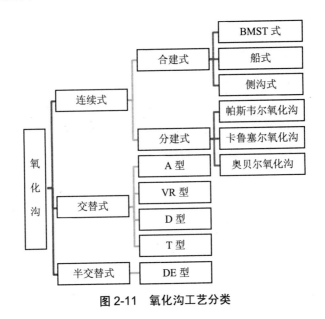

图 2-11 氧化沟工艺分类

（3）半交替工作式氧化沟

半交替式氧化沟兼具有连续工作式和交替工作式的特点。首先，该类氧化沟系统设有单独的二沉池，可以实现曝气和沉淀的完全分离，为连续式工作。其次，根据需要氧化沟又可分段处于不同的工作状态，使之具有交替工作式运行灵活的特点，特别利于脱氮。最典型的半交替工作式氧化沟为 DE 型氧化沟。

以下重点介绍应用较多的几类具体工艺。

2.3.3.1 帕斯韦尔氧化沟

帕斯韦尔氧化沟采用了最初跑道式沟型，是传统的一种氧化沟，它是由单个环形沟渠与装在沟渠两侧上的一个或几个水平式旋转曝气器组成。普通的帕斯韦尔氧化沟两边是倾斜的边坡，中心为中心岛,为了节省用地,现在已大量采用垂直壁的钢筋混凝土池子,也取消了中心岛代之以钢筋混凝土隔墙。

帕斯韦尔氧化沟处理系统的流程如图 2-12 所示。除将传统曝气池改为氧化沟以外,其余流程与传统工艺基本一致。因而传统活性污泥系统的工艺控制方法,例如回流污泥系统的控制,剩余污泥排放系统的控制等基本都适用于帕斯韦尔氧化沟系统。

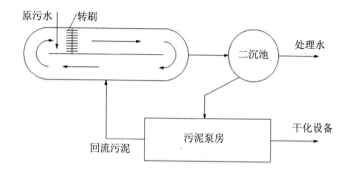

图 2-12 帕斯韦尔氧化沟工艺简图

2.3.3.2 卡鲁塞尔氧化沟

卡鲁塞尔(Carrousel)氧化沟是 1967 年由荷兰的 DHV 公司开发研制的。它的研制目的是为满足在较深的氧化沟沟渠中使混合液充分混合,并能维持较高的传质效率,以克服小型氧化沟沟深较浅、混合效果差等缺陷。至今世界上已有 850 多座 Carrousel 氧化沟系统正在运行,实践证明该工艺具有投资省、处理效率高、可靠性好、管理方便和运行维护费用低等优点。

卡鲁塞尔氧化沟是一个多沟串联系统,进水与活性污泥混合液混合后，沿水流方向在沟内不停地循环流动，在沟内每组池的一端各安装一台立式表曝机，这样就形成了靠近曝气机下游的好氧区和上游的缺氧区。通常设计有效水深 4.0～4.5 m，沟中水流平均速度一般为 0.2～0.4 m/s。

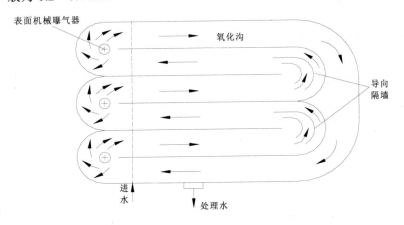

图 2-13　Carrousel 氧化沟工艺流程简图

表面曝气机使混合液中溶解氧的浓度增加到大约 2～3 mg/L。在这种充分充氧的条件下，微生物得到足够的溶解氧来氧化 BOD$_5$，同时氨也被氧化成硝酸盐和亚硝酸盐。此时，混合液处于好氧状态。微生物的氧化过程消耗了水中的溶解氧，直到溶解氧值降为 0，混合液呈缺氧状态。缺氧区在有一定有机物的条件下可发生反硝化反应，将硝态氮还原成氮气，有助于进一步净化水质。经过缺氧区的反硝化作用，混合液进入有氧区，完成一次循环。普通 Carrousel 氧化沟系统的污水处理效果非常显著，降解率分别可达 BOD$_5$>95%，COD$_{Cr}$>90%，总氮>75%，总磷>65%。

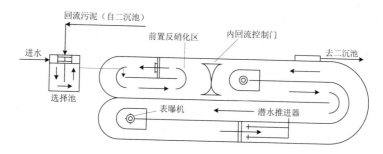

图 2-14 Carrousel 2000 氧化沟

Carrousel 2000 氧化沟系统是在普通 Carrousel 氧化沟前增加了一个厌氧区和缺氧区（又称前反硝化区）。原水和沉池回流污泥在厌氧池中搅拌混合。此时在厌氧池完成下列反应：① 厌氧池中的兼性反硝化菌异化原水和回流污泥中的硝酸盐和亚硝酸盐，实现部分脱氮；② 厌氧池中的兼性细菌将溶解态 BOD 转化成 VFA，为聚磷菌提供底物，充分释磷。

厌氧池后紧接缺氧池，微生物在缺氧池中完成下列反应：① 缺氧池中的兼性反硝化菌异化厌氧出水和普通 Carrousel 氧化沟中分流过来的硝酸盐和亚硝酸盐，使脱氮更为充分；② 缺氧池中的聚磷菌利用后续普通 Carrousel 氧化沟中分流而来的混合液中的硝酸盐和亚硝酸盐所提供的电子吸磷，避免同时反硝化和吸磷时 BOD_5 量的不足。而后的 Carrousel 氧化沟完成了充分硝化、充分吸磷和充分降碳等作用。

Carrousel 3000 氧化沟系统是在 Carrousel 2000 氧化沟系统前再加了一个生物选择池。该生物选择池是利用高有机负荷筛选菌种，抑制丝状菌的增长，提高各污染物的去除率，其后的工艺原理同 Carrousel 2000 氧化沟系统。但 Carrousel 3000 氧化沟系统有质的飞跃：一是增加了池深可达 7.5～8 m，同心圆式池壁相通，减少了占地面积，降低造价的同时提高耐低温能力（可达 7℃）；二是曝气设备的巧妙设计，表曝机下安装导流筒，抽吸乏氧的混合液，采用水下推进器解决流速问题；三是使用了先进的曝气控制器 QUTE（一种多变量控制模式）。

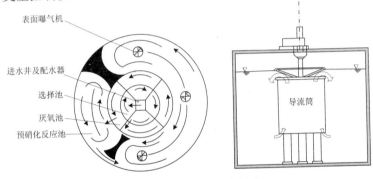

图 2-15　Carrousel 3000 氧化沟

2.3.3.3　奥贝尔氧化沟

奥贝尔（Orbal）氧化沟是由若干同心渠道组成的多渠道氧化沟系统，渠道呈圆形或椭圆形。污水先引入最里面或最外的沟渠，在其中不断循环流动的同时可以通过淹没式输水口从一条渠道顺序流入下一条渠道。每一条渠道都是一个完全混合的反应器，整个系统相当于若干个完全混合反应器串联在一起，污水最后从外面或中心的渠道流出。

合建式奥贝尔氧化沟是将二沉池与氧化沟合建，将二沉池建于氧化沟中心，形成一个大的同心圆减结构，如图 2-17 所示。该形式既可以节省占地，同时又减少了土建与管道的工程量，水头损失少，节省了投资与运行经费。奥贝尔氧化沟作为较优化的工艺之一，可以在城市污水处理工程中推广应用，尤其适用于中小规模的污水处理厂。

图 2-16 Orbal 氧化沟

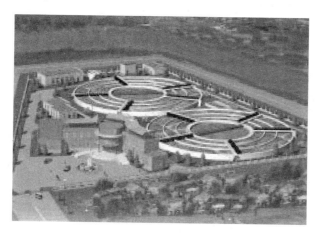

图 2-17 合建式 Orbal 氧化沟

（1）奥贝尔氧化沟工艺特征

奥贝尔氧化沟通过转盘实现充氧并维持混合液在沟中流动循环，各沟上的转盘片数及转动方向可灵活变化，每个沟道的供氧量呈变化状态，转盘的转速和浸没深度也可根据充氧要求进行调节。

奥贝尔氧化沟采用的曝气转碟，其表面密布凸起的三解形齿结，使其在与水体接触时将污水打碎成细密水花，具有较高的充氧能力和动力效率。通过改变曝气机的旋转方向、浸水深度、转速和开停数量，可以调整供氧能力和电耗水平，尤其是碟片可以方便的拆装，更为优化运行提供了简便手段。另外，由于转碟具有极强的整流和推流能力，氧化沟有效水深可达 4 m 以上，即使因优化控制需要而减少曝气机运行台数时，一般也不会发生沉淀现象。这是曝气转碟和奥贝尔氧化沟型所独具的优点。

（2）关键设备的选型

奥贝尔氧化沟的预处理及污泥处理部分的流程与其他活性污泥法处理工艺相似，不再赘述。关键设备是曝气转碟和沉淀池的排泥桥，对其主要构造和性能要求阐述如下：

① 曝气转碟

曝气转碟属转盘类水平推流式表面曝气器，由盘片、水平轴及其两端的滚动轴承、减速机和电动机组组成。每片圆形的曝气转碟由两个半圆形部件组成。每对半圆形部件跨穿水平轴，组成整体的圆片，每个碟片可以独立拆装，便于调节安装密度，使整机达到所需的充氧能力，每米轴长一般装碟片 3～5 片。碟片采用聚苯材料注塑或采用玻璃钢压铸而成，其中聚苯材料碟片自重较轻，动力效率较高，国内已有质量很好的合资产品。碟片表面布有梯形凸块，兼有供氧和推流搅拌的功能。水平轴采用厚壁无缝钢管制造，表面作特种防腐处理。驱动装置主要由减速机和电机组成。

② 沉淀池排泥桥

奥贝尔氧化沟的污泥浓度（MLSS）较高，运行中一般在 4~6 g/L，回流污泥必须有较高的含固率。因此，对沉淀池和排泥设备有严格的要求，尤其是排泥设备必须确保有足够的排泥浓度，通常需要特殊的工艺和结构设计。在设备选择时应充分注意这一性能要求，保证实现奥贝尔氧化沟的整体工艺的优势。

2.3.4 小结

氧化沟自从 Pasveer 氧化沟 1954 年出现以来，就是依靠其简便的方式处理污水而得到不断发展的。究其原因可以这样说，氧化沟技术发展的强势在于氧化沟的环流。只要保持沟渠首尾相接、水流循环流动，选用特定设计参数、沟型和运行方式，就会给运行者和设计者带来极大方便，其灵活性和适应性也非常强，有进一步研究、发展和应用的广阔空间。

对于规模小于 10 万 t/d 的中小型污水处理厂来说，氧化沟和 SBR 是首选工艺。我国目前总体来说应用最多的是氧化沟工艺。在氧化沟各种工艺中，考虑其各自的特点及污水脱氮除磷的要求，推荐中小城市或地区使用较成熟的卡鲁塞尔氧化沟。

近年来，在氧化沟中尝试使用各种综合曝气装置，即采用曝气器与水下混合器独立运行，将氧化沟中的水流循环混合作用与曝气传氧作用区分开来，使氧化沟中交替出现缺氧与好氧状态，以达到脱氮除磷的目的，同时这种运行方式还能取得节能的效果。据报道，这种综合曝气系统已在国外得到应用，在国内也可尝试并推广采用这种综合曝气设备。

2.4 SBR 工艺

2.4.1 概述

间歇式活性污泥处理系统，又称序批式活性污泥处理系统（Sequencing Batch Reactor，SBR）。SBR 工艺最大的特点是按一定时间顺序间歇操作运行，一个工作周期分为进水期、反应期、沉淀期、排水排泥期和闲置期五个阶段。SBR 工艺具有空间的单一性，只能在时间上进行有效的控制，运行非常灵活。与连续式活性污泥法系统相比，SBR 工艺组成较为简单。

SBR 工艺的运行周期分为五个阶段：进水、反应、静置、排水和闲置。在污水流入前是上个周期排水或待机状态，因此反应池内剩有高浓度的活性污泥混合液。这相当于传统活性污泥工艺的污泥回流作用，此时反应池内的水位最低。当废水注入达到预定容积后进行曝气或搅拌，以达到去除 BOD、硝化、脱氮除磷的目的。最后停止曝气、搅拌，活性污泥絮体开始进行重力沉降，实现泥水分离，这一过程相当于传统活性污泥工艺的二次沉淀池。

2.4.2 工艺特征

2.4.2.1 时间上具有理想的推流式反应器的特征

活性污泥生化反应速率与底物浓度有关。底物浓度越低，生化反应就越慢。在完全混合反应器中，底物浓度等于出水浓度，因此生化反应推动力很小，反应速度慢。理想的推流式反应器中，底物浓度沿程减小，生化推动力较大。但在实际推流曝气池中存在返混，因此推流式反应器反应推动力的优点难以发挥。在 SBR 系统中，虽然底物浓度在反应器中空间变化是完全混合型，但由于时间的不可逆性，在时间序列上属于理想的推流状态。

2.4.2.2　SVI 值低，沉降性能好

SBR 系统中，SVI 值一般不超过 100，污泥具有良好的聚凝沉降性。SBR 工艺在时间上存在有机物浓度梯度。在进水期，进水有机物浓度高，有利于菌胶团形成菌的生长，使耐低底物浓度的丝状菌的生产处于劣势。而当生化反应后期，虽然底物浓度低，但可以通过调整供氧量使溶解氧维持较低水平，从而抑制丝状菌的生长。

2.4.2.3　适应水量水质的变化

小型污水处理厂的流量变化很大。SBR 工艺可以缓和流量的逐时变化，同时由于 SBR 运行中有一定的进水期也可以使水质变化得以部分均合，进水阶段对进水污染物浓度有相当大的稀释作用。

2.4.2.4　有脱氮除磷的功能

SBR 工艺采用限制曝气或半限制曝气运行方式可以在时间序列上提供多样性的生境，实现缺氧/好氧或厌氧/缺氧/好氧的组合，并控制每部分合适的时间比例，就能得到较好的脱氮或脱氮除磷效果。作为生物脱氮系统，由于不需要 A/O 系统那样的污泥回流和混合液回流，降低了运行费用。

2.4.2.5 理想静置沉淀，泥水分离效果好

由于 SBR 系统生化反应、污泥沉淀都是在同一池内进行。就泥水分离过程而言，沉淀过程没有进出水的干扰，是理想的静置沉淀，泥水分离效果好。还可避免短路、异重流的影响，一般出水用悬浮物可小于 10 mg/L。

2.4.3 SBR 的变型工艺

2.4.3.1 ICEAS 工艺

ICEAS 工艺运用连续进水和周期性排水原理，有机物降解、硝化和反硝化、除磷和固液分离等均在一个反应池中进行。ICEAS 工艺由反应、沉淀和滗水三个阶段组成，其反应器由进水端的预反应区和主反应区组成，运行方式为连续进水，即沉淀期和排水期仍保持进水；间歇排水，即没有明显的反应阶段和闲置阶段。但其在工艺改进的同时也丧失了传统 SBR 工艺的优点，仅仅保留了其结构特征。与传统 SBR 工艺相比，ICEAS 工艺具有以下特点：

（1）ICEAS 的沉淀会受到进水扰动，破坏了其成为理想沉淀的条件。为了减少进水带来的扰动，一般将池子设计成长方形，使出水近似于平流沉淀池。

（2）由于连续进水，ICEAS 丧失了经典 SBR 的理想推流和对难降解物质去除率高的优点，而且不能控制污泥膨胀的发生，所以需要设置选择区。

（3）连续进水不用进水阀门之间切换，控制简单，从而可应用于较大型的污水处理厂。

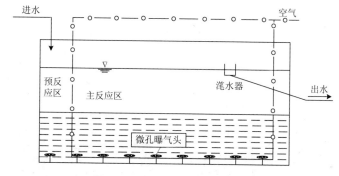

图 2-18 ICEAS 工艺反应装置图

ICEAS 的优点是采用连续进水系统，连续进水不用进水阀门之间切换，控制简单，减少了运行操作的复杂性，比经典 SBR 费用更省。在土地面积有限且经济、技术力量较强的地区不失为大型污水处理厂比较理想的一种工艺选择。

2.4.3.2 CASS 工艺

CASS 工艺在传统 SBR 工艺的基础上，反应池沿池长方向设为两部分（或三部分），前部为生物选择区也称预反应区，后部为主反应区（或缺氧区和主反应区），主反应区后部都安装了可自动升降的撇水装置。根据实际需要也可以在主反应区前设置兼氧区，容积比一般为 1：5：30。整个过程间歇运行，进水同时曝气并污泥回流。

CASS 工艺的显著特点是设置了选择区，并采用了污泥回流，选择区的目的主要是防止污泥膨胀。CASS 工艺是借鉴了传统推流式工艺的一些特点，对 SBR 自身完全混合式的特点做出了适当的改进，这种技术是目前 SBR 工艺应用的主流形式。对于一些可能引起污泥膨胀的水质且占地有限、出水水质并不要求很高的场合该工艺有一定的适应性。

CASS 工艺的曝气、沉淀、排水等过程在同一池子内周期循环运行，运行操作过程通常分为进水+曝气、进水+沉淀、停止进水+排水以及进水+闲置四个阶段。

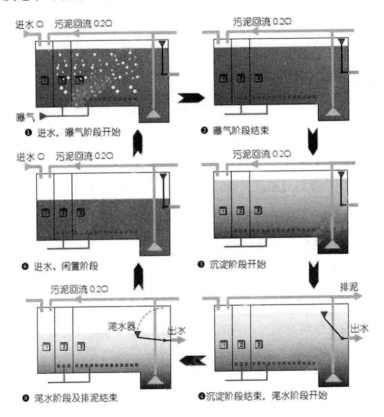

图 2-19　CASS 工艺流程图

CASS 反应池属完全混合式活性污泥法，为保证同时硝化反硝化的效果，可根据曝气的不同阶段合理调节溶解氧范围。初段宜控制在 0.5～1.0 mg/L，后段应大于 1.0 mg/L，曝气末段溶解氧应大于 2.0 mg/L，但最高不宜超过 4.0 mg/L，进水浓度较低时不宜超过 3.0 mg/L。污泥回流至选择区，污泥回流量根据回流污泥泵的流量和调节开启时间或流量计来控制，回流比宜控制在 20%～35%。

2.4.3.3　UNITANK 工艺

UNITANK 工艺为交替运行一体化工艺，是比利时西格斯公司提出的 SBR 工艺的改良型工艺，以 SBR 工艺交替进出水运行方式、三沟式氧化沟和 A^2/O 工艺的处理功能为基础，并综合了这些工艺的优点。该工艺具有投资节省、运行费用较低、占地面积小、管理和维护较为方便等特点。目前有 LUCAS 和 AICS 等改进类型，全球有超过 200 座不同规模污水处理厂运用本工艺，国内有辽宁盘锦、石家庄、苏州、广州和深圳等城市使用，澳门凼仔和环路污水处理厂均采用本工艺。

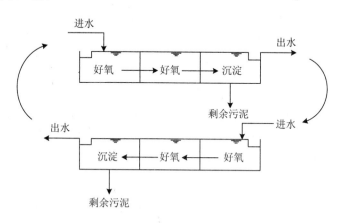

图 2-20　UNITANK 工艺

UNITANK 工艺是一个连续的恒定液位、循环运行的系统。循环运行使得生物处理和沉淀在各池中连续交替完成，进水按照自动循环运行分别向各池配水。各池都有进水+曝气、曝气+不（直接）进水和沉淀阶段，出水从实际作为沉淀的边池排出，剩余污泥从作为沉淀池的边池底部收集排出，各时段的长短可根据实际水力负荷调整，即通过时间控制来实现。

与 SBR 工艺相比，UNITANK 工艺容积和设备的利用率较高。但由于该工艺需要在三池之间来回地切换，因而其工艺稳定性较差。此外，UNITANK 的施工难度大，造价也较高。

2.4.4　小结

目前主流的观点都认为 SBR 工艺适合于中小型污水处理厂，尤其在占地严格、处理规模低于 2 万 m^3/d 的污水处理厂，从世界各国 SBR 工艺的应用现状来看也是如此。对于大型的污水处理厂，SBR 工艺的应用应该慎重，一方面自动控制很难适应流量的变化，在小型污水处理厂设置调节池较为现实，但在大型污水处理厂采用池容较大的调节池是不现实的。另一方面，大型污水处理厂无论采用何种 SBR 工艺，自动控制系统必然依赖计算机，对技术人员的能力要求较高。另外，在寒冷地区的中小型 SBR 厂的应用需关注温度和水量的问题。污水处理厂的流量越小，防冻问题越重要。

2.5　生物膜工艺

2.5.1　概述

污水的生物膜处理法是与活性污泥法并列的一种污水好氧生物

处理技术。这种处理法的实质是使细菌和真菌类微生物、原生动物和后生动物一类的微型生物附着在填料或某些载体上生长繁殖，并在其上形成膜状生物污泥——生物膜。污水与生物膜接触，污水中的有机污染物作为营养物质被生物膜上的微生物所摄取，污水得到净化，微生物自身也得到增殖。

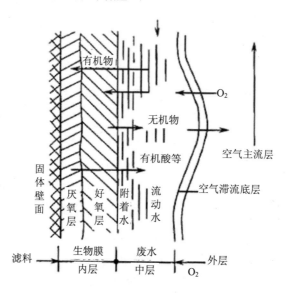

图 2-21　生物膜的构造

污水与滤料或某种载体流动接触，在经过一段时间后，后者的表面将会为一种膜状污泥——生物膜所覆盖，生物膜逐渐成熟，其标志是：生物膜沿水流方向的分布在其上由细菌及各种微生物组成的生态系统以及其对有机物的降解功能都达到了平衡和稳定的状态。从开始形成到成熟，生物膜要经历潜伏和生长两个阶段，一般的城市污水在 20℃ 左右的条件下需要 30 d 左右的时间。

图 2-21 是附着在生物滤池滤料上的生物膜构造。生物膜是高度亲水的物质,在污水不断在其表面更新的条件下,在其外侧总是存在着一层附着水层。生物膜又是微生物高度密集的物质,在膜的表面和一定深度的内部生长繁殖着大量的各种类型的微生物和微型动物,并形成有机污染物—细菌—原生动物(后生动物)的食物链。

生物膜在其形成与成熟后,由于微生物不断增殖,生物膜的厚度不断增加,在增厚到一定程度后,在氧气不能透入的里侧深部即将转变为厌氧状态,形成厌氧性膜。这样,生物膜便由好氧和厌氧两层组成。好氧层的厚度一般为 2 mm 左右,有机物的降解一般在好氧层内进行。

当厌氧层还不厚时,它与好氧层保持着一定的平衡与稳定关系,好氧层能够维持正常的净化功能。但当厌氧层逐渐加厚并达到一定的程度后,其代谢产物也逐渐增多。这些产物向外侧逸出,必然要透过好氧层,使好氧层生态系统的稳定状态遭到破坏,减弱了生物膜在滤料上的固着力,处于这种状态的生物膜即为老化生物膜,其净化功能较差而且易于脱落。生物膜脱落后生成新的生物膜,新生生物膜必须经过一段时间后才能充分发挥其净化功能。比较理想的情况是:减缓生物膜的老化进程,不使厌氧层过分增长,加快好氧膜的更新,并且尽量使生物膜不集中脱落。

2.5.2 工艺特征

2.5.2.1 反应器内微生物浓度高

单位容积反应器中微生物量可以高达活性污泥法中的5~20倍,因此处理能力大,一般不建污泥回流系统。生物膜含水率比活性污泥低，不会出现活性污泥经常发生的污泥膨胀现象，能保证出水悬浮物含量较低，因此运行管理也比较方便。

2.5.2.2　反应器内微生物多样化

生物膜固着在滤料或填料上，其污泥龄较长，因此在生物膜上能够生长世代时间长、比增值速度很小的微生物，如硝化细菌等。生物膜上还可能大量出现丝状菌，但没有污泥膨胀之虞。线虫类、轮虫类等微型动物的出现频率也较高。因此，在生物膜形成的食物链要长于活性污泥上的食物链。正是由于这个原因，在生物膜系统内产生的污泥量也少于活性污泥处理系统。

2.5.2.3　适应冲击负荷变化能力强

微生物主要固着于填料表面，微生物量比活性污泥工艺要高得多，因此对污水水质水量的变化引起的冲击负荷适应能力较强。在多数运行的实际设备也证实，即使有一段时间中断进水，对生物膜的净化功能也不会造成致命的影响，通水后能够较快地得到恢复。另外，生物膜工艺还能处理低浓度污水，当进水 BOD_5 低于 $50\sim60$ mg/L 时，出水 BOD_5 也能降到 $5\sim10$ mg/L，这是活性污泥无法做到的。

2.5.2.4　剩余污泥产量低

生物膜中存在较高级营养水平的原生动物和后生动物，食物链较长，特别是生物膜较厚的时候，里侧深部厌氧菌能降解好氧过程中合成的污泥，因而剩余污泥产量低，一般比活性污泥处理系统少 1/4 左右，可减少污泥处理与处置的费用。

2.5.2.5　操作管理简单，运行费用低

生物滤池、转盘等生物膜法采用自然通风供氧，装置不会出现泡沫，管理简单，运行费用较低，操作稳定性较好。但受气候条件影响大，容易滋生蚊蝇和产生臭气，周围卫生状况不好。

2.5.2.6　调整运行灵活性较差

与活性污泥工艺相比，除了镜检法以外，对生物膜中微生物的数量、活性等指标的检测方式较少，而活性污泥法可以通过测定污泥沉降比、SVI、污泥浓度等多种指标对微生物活性进行检测。因此，生物膜出现问题后不容易被发现，即调整运行的灵活性较差。

2.5.2.7　有机物去除率较低

与普通活性污泥工艺相比，COD 去除率较低。有资料表明，50%的活性污泥工艺处理厂的 BOD_5 去除率高于91%，50%的生物膜工艺处理厂的 BOD_5 去除率为 83%左右，相对应的出水 BOD_5 分别为 14 mg/L 和 28 mg/L。

2.5.3　工艺分类

污水的生物膜处理既是古老的又是发展中的污水生物处理技术。迄今为止，属于生物膜处理法的工艺有生物滤池（普通生物滤池、高负荷生物滤池、塔式生物滤池）、生物转盘、生物接触氧化和曝气生物滤池等。生物滤池是早期出现的工艺，目前污水处理中常采用的生物膜处理工艺为后三者。

2.5.3.1　生物转盘工艺

生物转盘也称旋转生物接触器（RBC），是由盘片、接触反应槽、转轴及驱动装置所组成。盘片串联成组，中心贯以转轴，转轴两端安装在半圆形接触反应槽两端的支座上。圆盘面积的 40%～50% 浸没在接触反应槽内的污水中，转轴高出槽内水面 10～25 cm。

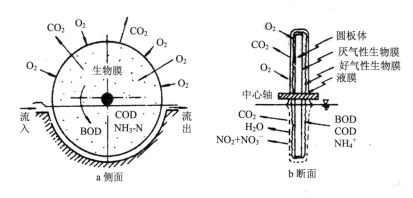

a 侧面　　　　　　　　　b 断面

图 2-22　生物转盘工艺及原理

转盘转动离开污水与空气接触，生物膜上的固着水层从空气中吸收氧，固着水层中的氧是过饱和的，并将其传递到生物膜和污水中，使槽内污水的溶解氧含量达到一定的浓度，甚至可能达到饱和。在转盘上附着的生物膜与污水以及空气之间，除有机物（BOD、COD）与 O_2 之外，也进行其他物质如 CO_2、NH_3 等的传递。

生物膜逐渐增厚，在其内部形成厌氧层并开始老化，老化的生物膜在污水水流与盘面之间产生的剪切力的作用下而剥落，剥落的破碎生物膜在二次沉淀池内被截留，生物膜脱落形成的污泥密度较高、易于沉淀。

2.5.3.2 生物接触氧化

生物接触氧化工艺是兼有活性污泥法和生物膜法特点的污水处理工艺，其工艺流程与活性污泥法类似，主要由预处理、生物处理、二沉池组成。但与活性污泥法不同的是生物池内填充填料，使填料表面长满生物膜，在填料的底部采用与普通曝气池相似的曝气方法提供氧量并起到搅拌混合作用，净化污水主要依靠填料上的生物膜作用，并且池内尚存在一定浓度类似活性污泥的悬浮生物量，使污水中有机物氧化分解而得到净化。

填料是微生物的载体，其特性对接触氧化池中生物量、氧的利用率、水流条件和废水与生物膜的接触反应情况等有较大影响；分为硬性填料、软性填料、半软性填料及球状悬浮型填料等。

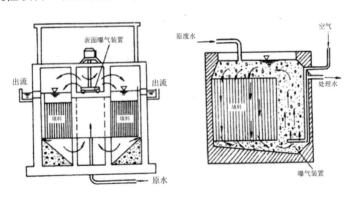

图 2-23 生物接触氧化

生物接触氧化池具有容积负荷高、停留时间短、有机物去除效果好、对冲击负荷有较强的适应能力、污泥生成量少、无污泥膨胀的危害、无须污泥回流、运行管理简单和占地面积小等优点，但如果设计或运行不当，填料可能堵塞。此外，布水、曝气不易均匀，可能在局部部位出现死角。

2.5.3.3 曝气生物滤池

曝气生物滤池（Biological Aerated Filter，BAF）是对普通生物滤池的一种改进，是 20 世纪 80 年代在欧美发展起来的一种固定床生物膜水处理技术。由于其良好的性能，应用范围不断扩大，到 20 世纪 90 年代初已基本成熟，在废水的二级、三级处理以及再生水回用中，BAF 曝气生物滤池具有出水水质好、水力停留时间短、占地面积少、自动化程度高等优点。

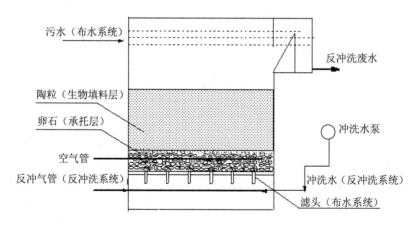

图 2-24 下向流曝气生物滤池

根据去除有机物或者营养物质的不同，曝气生物滤池可以分为碳氧化曝气生物滤池（C 滤池）、硝化曝气生物滤池（N 滤池）、反硝化曝气生物滤池（DN 滤池），但如今绝大多数人将曝气生物滤池简称为 BAF，将反硝化曝气生物滤池称为 DNF。

无论是 BAF 还是 DNF，应用的形式多种多样，一般按照水的流态可以分为下向流和上向流两种。早期的曝气生物滤池如 Biocarbone 多为下向流，但由于下向流曝气生物滤池大量被截留的悬浮物集中在滤池上层几十厘米处，这部分滤料的水头损失占整个滤池水头损失的大部分，滤池截污能力不高，容易堵塞，运行周期短。对于二级处理，下向流 BAF 后来被上向流 BAF 取代了，因为上向流 BAF 运行的水力负荷更高，并且可以应对更强的冲击负荷。

尽管下向流 BAF 在去除有机物和硝化方面并没有太大的作用，但却成功地用于了反硝化领域。下向流反硝化滤池与曝气生物滤池明显的不同之处是反硝化滤池没有曝气，但需要外加碳源。下向流反硝化滤池典型的滤料厚 1.8 m 左右，滤料采用 2～3 mm 的石英砂，承托层一般是 457 mm 厚。

反硝化滤池可以分为前置反硝化滤池和后置反硝化滤池，在前置反硝化滤池中，DN 滤池在脱氮的同时，污水中的有机物质可以作为碳源，既去除了硝态氮也减少了污水中有机物的含量，为后续硝化反应创造了条件。在后置反硝化工艺中，BOD_5 的去除和氨氮的硝化主要在 C/N 池，为了实现反硝化，在进入 DN 池之前往往需要投加碳源。

BAF/DNF 的突出特点是将生物氧化与过滤结合在一起，通过反冲洗再生实现滤池的周期运行。BAF/DNF 的工艺性能与诸多因素有关，这些因素包括预处理和一级处理、滤料、曝气、反冲洗及碳源的投加等。

（1）预处理和一级处理

预处理和一级处理对 BAF 工艺有重要影响，为了保护配水系统的滤头，细格栅的设置是非常有必要的。对于占地面积有限的污水处理厂，可以考虑一级强化处理，通过投加化学药剂提高一级处理工艺的去除效果，降低进入 BAF 负荷，对该工艺的正常运行非常有利。

（2）滤料

BAF/DNF 的工艺性能和滤料的特点有直接关系，同时也影响到 BAF 的结构形式和成本。对于所有的 BAF/DNF 工艺，滤料起着两个作用：一是作为生物膜的载体；二是作为过滤介质。滤料一般分为比水轻的轻质滤料和比水重的重质滤料。重质滤料既可以用于下向流系统，也可以用于上向流系统，但轻质滤料只能用于上向流系统。重质滤料一般来源于天然矿物，如陶粒、焦炭、石英砂等，轻质滤料一般为人工合成物，如聚苯乙烯。

滤料的粒径大小会影响到工艺的处理性能，粒径的大小直接影响到滤池对悬浮物的截留效果，并且也影响到其上附着的微生物的量。采用大粒径滤料（>6 mm）的 BAF 工艺其处理效果必然会低一些，因为滤料之间存在的无效空间增大了，减少了微生物附着的表面积。但大粒径系统对反冲洗的要求也较低，因此降低了运行成本。反之，小粒径（<3 mm）BAF 的过滤性会比较好，滤料的比表面积较大，出水水质比大粒径滤料会好，但反冲洗频率也是其必须面对的问题。

（3）曝气

BAF 工艺的曝气很重要，曝气效果会影响到 BAF 的性能以及成本。为了避免对硝化的抑制，BAF 工艺的溶解氧一般控制在 4～5 mg/L。BAF 工艺一般倾向采用粗孔曝气系统。相较于微孔曝气系统，采用粗孔曝气的氧的利用率有所下降，但却大大降低了曝气末端设备的投资和运行维护费用，也避免了微孔曝气中常见的堵塞问题。

BAF 不仅在曝气强度上有严格要求，曝气的均匀性也应重视。曝气不均匀往往会导致整个滤池截污不均，进而影响滤池出水各项指标，同时也使氧的利用率降低。另外，曝气系统维护时需要清掏滤料，因此单个滤池不宜建得过大。

（4）反冲洗

反冲洗的目的是去除滤池中截留的固体和多余的生物。反冲洗通常由水冲和气冲组成，气冲是为了将附着在滤料上或滤料之间的污物冲散，而水冲则是将这些冲散的污物从滤池中冲洗掉。

反冲洗的频率取决于滤料的粒径、形状、密度、滤料空隙率、进水水质特性以及工艺类型。不足的反冲洗会导致水头损失过早地增长，有可能导致悬浮物出水超标，并且引起频繁的反冲洗；而过度的反冲洗会使滤料表面上附着的生物量减少从而导致处理效能下降。此外，反冲洗应该最大限度地延长 BAF 的处理过程，同时力求能耗和反冲洗水量最低。

（5）碳源投加

碳源投加的控制对反硝化滤池非常重要，碳源投加既可以用手动方式控制，也可以采用与进水流量和硝态氮相匹配的方式。在实际工程中，反硝化滤池最常用的外加碳源是甲醇。甲醇是价格相对低廉的碳源，但甲醇是易爆易燃品，需要有专门的安全方面的设计。通常，甲醇典型的设计投加量是每去除 1 kg 硝酸盐氮需要 3 kg 甲醇，具体的投加量应该结合当地的实际情况进行分析。

曝气生物滤池工艺既可用于污水的二级处理，也可用于污水的深度处理。不需设二沉池和污泥回流泵房。对占地面积要求小、出水水质要求高的污水处理厂，较宜采用曝气生物滤池工艺。

2.6　其他工艺

本小节主要介绍将活性污泥与生物膜结合在一起的两种工艺：IFAS 工艺和 MBBR 工艺。

2.6.1　IFAS 工艺

2.6.1.1　概述

集成固定生物膜—活性污泥工艺（Integrated Fixed Film Activated Sludge，IFAS）是在 20 世纪八九十年代应运而生的，这种工艺将活性污泥和生物膜巧妙地结合在一起。IFAS 工艺简单地说是在悬浮活性污泥系统中投加填料，填料既可以是固定的，也可以是悬浮的。这种结合可谓珠联璧合，它充分地发挥了活性污泥工艺和生物膜工艺的独特优点，同时又尽可能地克服了各自的不足之处。一方面由于填料上存在的大量微生物，冲击负荷可以得到有效的缓解，并且无须提高混合液的污泥浓度即可提高微生物的停留时间，从而避免了二沉池入流的超负荷，这种特性对占地有限的污水处理厂升级改造无疑极具吸引力。众所周知，活性污泥应对冲击负荷的能力较弱，而且硝化所需的污泥浓度较高，需要较大的池容，这些都是活性污泥工艺的弊端，而生物膜工艺可以有效地解决这些问题。而另一方面，传统的悬浮活性污泥工艺在实现较高的出水水质方面则具有较强的灵活性，这一点对于脱氮除磷工艺尤为难得。

一般来说，IFAS 工艺在以下场合比较适用：

- 一些老旧的污水处理厂在建设之初没有考虑硝化，只是实现了有机物的去处，由于排放标准的严格，污水处理厂需要实现充分的硝化；

- 有些污水处理厂在全年不能实现稳定的硝化，在夏季可以实现硝化，出水氨氮可以低于 5 mg/L，但到冬季时基本无硝化效果，而且在夏季遇到峰值水量的冲击时出水氨氮便迅速升高；

- 对于占地有限的污水处理厂的升级改造，IFAS 工艺可以在不增加额外构筑物的情况下提高工艺的性能；

- 为了提高脱氮效果，由于反硝化池所占的池容增大，好氧池的池容不得不减少；

- 提高现有硝化工艺的稳定性，以适应更高的流量或负荷；

- 寒冷地区的污水处理厂为了实现硝化效果，生物膜工艺的稳定性在冬季要比传统活性污泥工艺稳定得多；

- 有些污水处理厂为了实现硝化需要提高 MLSS，但沉淀池入流负荷有限，因此可以通过采用 IFAS 工艺来降低沉淀池的入流负荷而同时达到硝化的效果。

2.6.1.2　工艺分类

（1）固定式填料 IFAS

固定式填料顾名思义是固定安装于池内的填料，不随水流而移动。固定式填料安放的位置很讲究，填料并不是安装在进水氨氮浓度最高之处，因为那里往往也是 COD 最高的地方。如果填料安装的太靠前，生物膜的生长可能会太迅速，导致生物膜厚度增加，进而有可能引起厌氧腐败的问题，并且生物膜中的微生物将会以异养菌为主，自养菌的比例不足，硝化的能力就很有限。而如果填料安装在曝气池的末端，就有可能没有足够的基质，这样生物膜的生长就会受到限制。实际上，填料应该安装在曝气池中硝化速率最高的位置。在理想情况下，为了实现充分的硝化效果，填料安装处混合液中的溶解性 COD 应该在 10～30 mg/L、氨氮至少有 2～4 mg/L、溶解氧大于 2.0 mg/L。在实际工程中，为了发挥填料上生物膜的硝化功能，往往在第一个好氧区不设置填料。在第一个好氧区里采用传统悬浮活性污泥可以去除大量 COD，将 COD 的负荷降低，这样有利于后续好氧填料区的硝化。另外，在最后一个好氧区往往也不设置填料，这样做的目的是为了防止将大量的溶解氧通过内回流带入缺氧区，影响缺氧区的脱氮效果，因为 IFAS 工艺的曝气强度要比传统工艺高很多。

在除磷方面，美国著名的污水处理专家 T.Sriwiriyarat 对固定填料的 IFAS 工艺的除磷性能进行了研究，研究发现填料的设置对生物除磷没有影响，在有厌氧、缺氧、好氧的 IFAS 工艺中可以成功地实现生物除磷。

（2）悬浮式填料 IFAS

与固定式填料类似，悬浮填料上的厚度也是沿着曝气池的水流方向逐渐降低的，越靠近进水端，生物膜的厚度越厚，而且填料上的生物种群也在发生着变化。在靠近进水端的反应池内，附着在填料上的异养菌的比例较高，而靠近出水端的反应池内，填料上附着的自养菌比例较高。

由于悬浮填料在曝气池内不断上下翻滚，填料间的相互碰撞、摩擦起到了对生物膜生长的控制作用。当进水负荷增加时，填料上的生物膜厚度会有所增加；而进水负荷降低时，生物膜厚度又会降低，因此悬浮填料对进水负荷的变化具备一定的适应性。从这一点来说，悬浮填料系统较固定填料系统在生物膜的生长控制方面有一定的优越性，固定式填料只能通过曝气来控制生物膜的厚度。

2.6.1.3 小结

IFAS 工艺的发展已有 20 多年，其在欧美各国污水处理厂的升级改造中深受欢迎，大量已投入运行的 IFAS 工艺充分展示了其卓越的性能。目前采用 IFAS 工艺的污水处理厂在全世界已超过 500 多座，有的处理规模已达到 30 万 m^3/d，技术已经非常成熟。至于究竟是选择固定式填料的 IFAS 工艺还是悬浮填料的 IFAS 工艺应该结合当地的实际情况具体分析。固定式填料系统可以在污水处理厂运行的同时进行安装，由于通常不需要对池子进行改造，而且微孔曝气的氧利用效率较高，所以安装实施的费用也相对较少。但固定式填料系统对硝化效果的提高有限，而且可能滋生蠕虫，因此对于需要适度提高泥龄的污水处理厂会比较合适。悬浮填料系统的比表面积相对较高，其硝化能力较强，适合于希望泥龄有大幅度提高的污水处理厂，但悬浮填料的 IFAS 工艺会遇到诸如安装填料筛网、空气刮板或者是填料回流设备的问题，甚至需要改造曝气系统，投资费用会较高一些。

2.6.2 MBBR 工艺

2.6.2.1 概述

MBBR 工艺的全称是移动床生物膜反应器（Moving Bed Biofilm Reactor）。该方法通过向反应器中投加一定数量的悬浮载体，提高反应器中的生物量及生物种类，从而提高反应器的处理效率。由于填料密度接近于水，所以在曝气的时候，与水呈完全混合状态，微生物生长的环境为气、液、固三相。载体在水中的碰撞和剪切作用使空气气泡更加细小，增加了氧气的利用率。另外，每个载体内外均具有不同的生物种类，内部生长一些厌氧菌或兼氧菌，外部为好养菌，这样每个载体都为一个微型反应器，使硝化反应和反硝化反应同时存在，从而提高了处理效果。MBBR 工艺的生物填料在反应器中的填充率可达 67%，在好氧反应器中，曝气使生物填料随反应器中水团在整个反应器中流动（或悬浮）；而在厌氧反应器中，则是通过搅拌使生物填料随反应器中水团在整个反应器中流动（或悬浮）。

MBBR 与 IFAS 工艺很相似，所不同的是 IFAS 工艺有污泥回流，MBBR 没有污泥回流，也就意味着在池中没有多少悬浮微生物，大量的微生物都在填料上，而且 MBBR 工艺只采用悬浮填料，IFAS 工艺既可以采用悬浮填料，也可以采用固定填料。

2.6.2.2 工艺特征

（1）容积负荷高，紧凑省地。特别对现有污水处理厂（设施）升级改造效果显著，不增加用地面积仅需对现有设施简单改造，污水处理能力可增加 2～3 倍，并提高出水水质。

（2）耐冲击性强，性能稳定，运行可靠。冲击负荷以及温度变化对流动床工艺的影响要远远小于对活性污泥法的影响。当污水成分发生变化或污水毒性增加时，生物膜对此受力很强。

（3）搅拌和曝气系统操作方便，维护简单。曝气系统采用穿孔曝气管系统，不易堵塞。搅拌器采用香蕉型的搅拌叶片，外形轮廓线条柔和，不损坏填料。整个搅拌和曝气系统很容易维护管理。

（4）生物池无堵塞，生物池容积得到充分利用，没有死角。由于填料和水流在生物池的整个容积内都能得到混合，杜绝了生物池的堵塞可能，因此，池容得到完全利用。

（5）灵活方便。工艺的灵活性体现在两个方面：一方面，可以采用各种池型（深浅方圆都可），而不影响工艺的处理效果；另一方面，可以很灵活地选择不同的填料填充率，达到兼顾高效和远期扩大处理规模而无须增大池容的要求。对于原有活性污泥法处理厂的改造和升级，MBBR 工艺可以很方便地与原有的工艺有机结合起来。

（6）使用寿命长。优质耐用的生物填料，曝气系统和出水装置可以保证整个系统长期使用而不需要更换，折旧率低。

（7）MBBR 技术的关键在于研究开发了比重接近于水，轻微搅拌下易于随水自由运动的生物填料。它具有有效比表面积大、适合微生物吸附生长的特点，适用性强，应用范围广，既可用于有机物的去除，也可用于脱氮除磷；既可用于新建的污水处理厂，更可用于现有污水处理厂的工艺改造和升级换代。

2.6.2.3　工艺分类

（1）有机物去除工艺

与传统悬浮处理工艺不同，MBBR 工艺对有机物的去除有其独特之处。首先，生物膜对溶解性可生物降解有机物可以很快降解，而对颗粒性有机物则比较难降解。颗粒性的有机物会夹带在生物膜上，一部分夹带的可生物降解的有机物会发生水解，随后成为溶解性有机物被微生物所利用，而另一部分夹带在生物膜上的颗粒性有机物会脱离生物膜，这些脱离的颗粒性物质和一部分自然脱落的生物膜形成悬浮物，这些悬浮物在后续的固液分离单元中进行分离。在具体应用形式上，MBBR 用于去除有机物的一般形式主要有单独

MBBR、MBBR+活性污泥。

单独的 MBBR 工艺的显著特点是水力停留时间很短，一般只有 30～90 min，具体的时间与进水有机负荷有关。MBBR 工艺去除有机物的负荷与固液分离效率有很大关系，如果固液分离效率高，则负荷可以偏高，反之亦然。COD 负荷的增加会提高固液分离的要求，在一些处理厂可能会需要辅以化学强化沉淀、气浮等手段。

MBBR+活性污泥工艺与 IFAS 工艺有着异曲同工之妙，在低温情况下（一般在 10℃以下），IFAS 工艺的硝化能力仍然会不错，但 MBBR+活性污泥工艺较 IFAS 工艺的稳定性更高，这一点是其独特之处。IFAS 工艺虽然节省了占地面积，但改造会影响到原有活性污泥工艺，MBBR+活性污泥工艺则不然，其只需在活性污泥工艺前段设置 MBBR 池即可，改造相对简单，对现实中的升级改造提供了很好的技术手段。

（2）硝化工艺

生物膜的一个显著优点是可以实现卓越的硝化功能，MBBR 也不例外。实际应用的形式主要有单独 MBBR、活性污泥工艺+MBBR。

单独 MBBR 工艺用于硝化和用于有机物去除的形式一样，所不同的是单独 MBBR 工艺用于硝化较用于有机物的去除更为复杂。该工艺用于硝化必须考虑有机负荷对硝化的影响，有机负荷过高会引起异养菌和自养菌对溶解氧的竞争，生长较快的异养菌会超过生长较慢的自养菌。为了保证氨氮的去除效果，供养必须充分得到保证。这种工艺在北欧国家经常可以看到，这些国家气温较低，完全采用生物膜的方式来达到硝化的目的是合理的。

活性污泥工艺+MBBR 方式中，活性污泥池主要是用于去除有机物，MBBR 主要为了硝化。由于在活性污泥中实现了对大部分有机物的去除，并且实现了泥水分离，因此 MBBR 工艺的污泥产量比较低，很多污水处理厂在 MBBR 池之后无须再有沉淀池。在排放标准比较严格的地区，可以在 MBBR 池之后增加滤池，提高出水的感官度。

（3）脱氮工艺

MBBR 工艺不仅用于去除有机物、硝化，还用于反硝化。反硝化需要碳源。当碳源可以由污水中的溶解性 BOD 提供时，应充分利用，如污水中碳源不足，则要外加碳源。外加碳源可以由污泥水解而产生的富含挥发性有机物提供，也可以是其他来源，如工业用甲醇或乙醇或其他工业生产的高浓度溶解性有机废物。MBBR 工艺用于脱氮主要有两种形式：前置反硝化 MBBR、后置反硝化 MBBR。

采用前置反硝化（A/O 工艺）是活性污泥法一种常见的形式，前置反硝化用在 MBBR 上主要是和有机物去除及硝化结合起来，如图 2-25 所示。

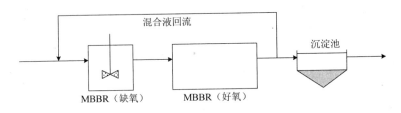

图 2-25　前置反硝化 MBBR

很多情况下，前置反硝化所需的碳源往往是不够的，这时后置反硝化往往成为工艺的最终选择，图 2-26 是后置反硝化 MBBR 的主要应用形式。

后置反硝化需要投加额外碳源，虽然这会付出一定的运行费用，但也会带来诸多好处。首先，后置反硝化不需要混合液回流，因而可以采用高填充率的 MBBR；其次，该种 MBBR 工艺对于进水碳源不足的污水处理厂很有适用性，通过投加碳源可以获得满意的脱氮效果。

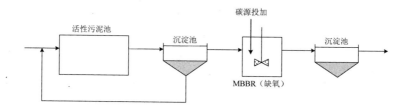

图 2-26　后置反硝化

2.6.2.4　小结

MBBR 工艺起源于几个原因：① 这种工艺的容积利用率较高，比较节省池容，与传统活性污泥工艺相比占地面积紧凑，而且无须回流污泥，在污水处理厂的升级改造方面具有很强的竞争力；② 这种工艺的处理效果不依赖于沉淀池，MBBR 工艺的出水中所含的悬浮固体很少；③ 该种工艺可以充分发挥生物膜的特点，而且与其他生物膜工艺如 BAF 相比，其显著的特点是水头损失较小、无须反冲洗。基于上述几个原因，MBBR 最先在其诞生地北欧得到发展，实践已经证明对低浓度污水和低温环境情况下的污水处理，MBBR 是一种行之有效的技术。

2.7　本章小结

常用的活性污泥法及生物膜法处理工艺的优缺点及适用条件如表 2-1 所示。

表 2-1 常规污水处理工艺的特点及适用条件

工艺名称	主要优点	主要缺点	适用条件
传统活性污泥法	1. 去除有机物效果良好； 2. 技术成熟，安全可靠； 3. 污泥经厌氧消化可达稳定； 4. 用于大型污水处理厂处理成本较低； 5. 厌氧消化产生的沼气可以利用	1. 生物脱氮除磷效果差； 2. 用于中小型污水处理厂费用偏高； 3. 目前不少污水厂沼气回收利用部分未运行或者运行效果不理想	不要求脱氮除磷的大中型污水处理厂
A²/O 工艺	1. 去除有机物的同时可生物脱氮除磷； 2. 出水水质良好，为回用创造了良好条件； 3. 污泥经厌氧消化可达稳定； 4. 用于大型污水处理厂处理成本较低； 5. 根据不同的脱氮要求可灵活调节运行工况； 6. 厌氧消化产生的沼气可以利用	1. 反应池容积大； 2. 污泥内回流量大、能耗较高； 3. 用于中小型污水处理厂费用偏高； 4. 目前不少污水处理厂沼气回收利用部分未运行或者运行效果不理想； 5. 浓缩池或者消化上清液需要化学除磷	脱氮除磷要求较高的大中型污水处理厂
UCT 工艺	1. 与 A²/O 工艺相比，UCT 在适当的 COD/TKN 比例下，缺氧区的反硝化可使厌氧区回流中硝酸盐含量接近于零； 2. 回流混合液中含有较多的溶解性 BOD，而硝态氮很少，为厌氧段有机物的水解反应提供了最优的条件	进水的 COD/TKN 在实际运行中是一个不断变化的值，难以根据其未来调整好氧池混合液	脱氮除磷要求较高的大中型污水处理厂

工艺名称	主要优点	主要缺点	适用条件
MUCT 工艺	1. 在流程上设置两个缺氧池分别接收回流的污泥的脱氮和混合液的脱氮，将污泥完全分开，进一步减少硝酸盐进入厌氧区的可能； 2. 在运行控制上，该工艺对污水水质的变化适应能力较强，运行管理灵活	1. 与 UCT 工艺一样，厌氧池污泥浓度大约只是其他工艺的一半，需要容积较大的厌氧池； 2. 整体脱氮效率不是太高	脱氮除磷要求均较高的大中型污水处理厂
JHB	1. 在厌氧区内可以维持较高的 MLSS 浓度； 2. 停留时间比较短，约为 1 h，有效降低厌氧池容积	脱氮效果不会太高，反硝化速率较 UCT 工艺缺氧区的速率低，为防止硝酸根离子对厌氧区的影响，所需要的 COD/TKN 比 UCT 工艺高	脱氮除磷要求均较高的大中型污水处理厂
卡鲁塞尔氧化沟	1. 流程简单，管理方便； 2. 可生物脱氮，出水水质好； 3. 污泥同步稳定，不需要厌氧消化； 4. 对中小型污水处理厂投资较省，成本较低	1. 如果需要除磷，需要另外设置厌氧池； 2. 采用分建式，占地面积较大； 3. 污泥稳定性不如厌氧消化好	多应用于中小型污水处理厂
奥贝尔氧化沟	1. 流程简单，管理方便； 2. 可生物脱氮除磷，出水水质好； 3. 污泥同步稳定，不需要厌氧消化； 4. 对中小型污水处理厂投资较省，成本较低	1. 采用分建式，占地面积大； 2. 污泥稳定性不如厌氧消化好； 3. 除磷需要增大池容，调整运行参数	多应用于中小型污水处理厂

工艺名称	主要优点	主要缺点	适用条件
传统SBR工艺	1. 流程十分简单，管理方便； 2. 合建式，占地省，处理成本低； 3. 有脱氮除磷功能，处理效果好； 4. 污泥同步氧化，不需要厌氧消化； 5. 对中小型污水处理厂投资较省，成本较低	1. 间歇周期运行，对自控水平要求高； 2. 变水位运行，水头损失大，电耗高； 3. 脱氮除磷效率不够高； 4. 污泥稳定性不如厌氧消化好	多应用于中小型污水处理厂
ICEAS工艺	1. 流程十分简单，管理方便； 2. 合建式，占地省，处理成本低； 3. 有脱氮除磷功能，处理效果好； 4. 污泥同步稳定，不需要厌氧消化； 5. 连续进水，可应用于较大型污水处理厂	1. 间歇周期运行，对自控水平要求高； 2. 变水位运行，水头损失大，电耗高； 3. 脱氮除磷效率不高； 4. 污泥稳定性不如厌氧消化好	多应用于中小型污水处理厂
CASS工艺	1. 流程十分简单，管理方便； 2. 脱氮除磷效果好，污泥沉降性好，出水水质好； 3. 合建式，占地省，处理成本低； 4. 污泥同步稳定，不需要厌氧消化； 5. 耐冲击负荷好	1. 间歇周期运行，对自控水平要求高； 2. 变水位运行，水头损失大，电耗高； 3. 容积利用率较低； 4. 污泥稳定性不如厌氧消化好	对脱氮除磷要求较高的中小型污水处理厂

工艺名称	主要优点	主要缺点	适用条件
UNITANK工艺	1. 流程十分简单，管理方便； 2. 合建式，占地省，处理成本低； 3. 污泥同步稳定，不需要厌氧消化； 4. 固定水位，连续进出水，可用于较大型污水处理厂	1. 周期运行，对自控水平要求高； 2. 除磷需要另设厌氧池； 3. 容积利用率较低； 4. 污泥稳定性不如厌氧消化好	中小型污水处理厂或者用地特别紧张的地区
生物接触氧化工艺	1. 容积负荷高，停留时间短，占地面积小； 2. 对冲击负荷有较强的适应能力； 3. 污泥生成量少，污泥颗粒较大，易于沉淀； 4. 无污泥膨胀的危害； 5. 无须污泥回流； 6. 具有较强的硝化、脱氮功能	1. 如果设计或运行不当，容易引起填料堵塞； 2. 布水、曝气不易均匀，可能在局部部位出现死角	适用于中小规模的污水处理厂
生物转盘工艺	1. 微生物浓度高； 2. 污泥龄长，转盘上能够繁殖世代时间长的微生物，如硝化菌等； 3. 生物膜上微生物的食物链较长，产生的污泥量少，为活性污泥处理系统的1/2左右； 4. 不需要曝气，污泥一般也不需要回流，动力消耗低； 5. 无污泥膨胀的风险，机械设备较少，便于维护管理	1. 占地面积较大； 2. 有气味产生，对环境有一定的影响； 3. 在寒冷的地区需做保温处理	适用于中小规模的污水处理厂

工艺名称	主要优点	主要缺点	适用条件
曝气生物滤池工艺	1. 占地面积小、基建投资省； 2. 处理效率高，出水水质好； 3. 抗冲击负荷能力强，受气候、水量和水质变化影响小； 4. 模块化设计、近远期结合更加容易； 5. 可建成封闭式厂房，减少臭气、噪声对周围环境的影响	1. 污泥量大，化学污泥多，污泥稳定性差； 2. 工艺自动化程度高、系统复杂、管理难度大； 3. 滤池运行中水头损失大	用地紧张的地区和对出水水质要求较高的处理厂
IFAS	1. 耐冲击负荷； 2. 无须提高污泥浓度即可提高微生物的停留时间； 3. 占地面积小； 4. 易于对传统活性污泥法进行升级改造		适用于中小规模的污水处理厂
MBBR	1. 耐冲击负荷； 2. 无须提高污泥浓度即可提高微生物的停留时间； 3. 占地面积小； 4. 易于对传统活性污泥法进行升级改造		适用于中小规模的污水处理厂

第3章 深度处理工艺

深度处理的目的是进一步去除常规处理未能完全去除的有机污染物、悬浮物、色度、嗅味和矿化物等。常见的深度处理技术包括混凝沉淀、介质过滤和膜分离等，本报告将膜生物反应器（MBR）技术也包括在深度处理技术中。

3.1 混凝沉淀

3.1.1 概述

利用混凝剂使水中的悬浮颗粒物和胶体物质凝聚形成絮体，然后通过沉淀的方式去除絮体。混凝剂混合反应方式可采用管道混合或机械搅拌等方式。宜选择铝盐和铁盐为主的混凝剂，必要时可投加有机高分子助凝剂。沉淀设施主要有平流、竖流、辐流和斜板（管）沉淀池，也可利用澄清池去除絮体。

混凝沉淀技术经济、简便、适用范围广，对浊度、磷及表观色度均有较好的去除效果。以二级处理出水为进水，混凝沉淀出水浊度可达到 $1\sim5$ NTU，COD_{Cr} 去除率约为 $10\%\sim30\%$，根据来水总磷浓度，总磷去除率通常为 $40\%\sim80\%$。

3.1.2 混凝原理及混凝剂

一般认为，颗粒粒径小于 1 nm 的为溶解物质，颗粒粒径在 1～100 nm 的为胶体物质，颗粒粒径在 100 nm～1 mm 为悬浮物质。其中，悬浮物质是肉眼可见物，可以通过自然沉淀法进行去除；溶解物质在水中是离子状态存在的，可以向水中加入一种药剂使之反应生成不溶于水的物质，然后用自然沉淀法去除掉；而胶体物质由于胶粒具有双电层结构而具有稳定性，不能用自然沉淀法去除，需要向水中投加一些药剂，使水中难以沉淀的胶体颗粒脱稳而互相聚合，增加至能自然沉淀的程度而去除。这种通过向水中加入药剂而使胶体脱稳形成沉淀的方法叫混凝法，所投加的药剂叫混凝剂。

混凝方法处理的对象主要是胶体颗粒、悬浮物、疏水性有机物、部分亲水性有机物等，结合化学沉淀法可去除重金属离子、磷酸根。在污水再生利用中，混凝过程不仅可以去除污水中的悬浮物和胶体粒子，降低 COD 值，而且还可以除去水中的细菌和病毒，并兼有除磷、脱色和除臭的作用。

混凝剂又可进一步分为凝聚剂、絮凝剂和助凝剂。凝聚剂主要使胶粒表面改性或由于压缩双电层而产生脱稳作用。絮凝剂是脱稳后的胶粒通过架桥和卷扫作用连接起来。助凝剂是为调节或者改善混凝条件而投加的辅助药剂。在实际生产过程中，很难将凝聚剂和絮凝剂截然分开，某些混凝剂，尤其是高分子聚合物，可同时起凝聚剂和絮凝剂的双重作用。

污水再生处理中常用凝聚剂、絮凝剂和助凝剂的分类及特性如表 3-1 所示。

表 3-1　污水再生处理中常用混凝剂

分类	名称	分子式	特性
无机凝聚剂	硫酸铝	$Al_2(SO_4)_3 \cdot 18H_2O$	1. 固体硫酸铝在空气中存放易吸潮结块; 2. 固体硫酸铝易溶于水,水溶液呈酸性反应; 3. 混凝效果受水温、pH、水质等影响较大; 5. 用作凝聚剂时,最佳 pH 操作范围是 5.7~7.8; 6. 需要消耗水中碱度,污水碱度低时,会影响 $Al(OH)_3$ 的生成,需要通过投加石灰、苛性碱、苏打等解决
	聚合氯化铝	化学通式 $[Al_2(OH)_nCl_{6-n}]_m$,简写为 PAC	1. 属于无机高分子化合物,分子量较一般凝聚剂大,但不超过数千,比有机高分子絮凝剂的分子量小; 2. 比硫酸铝含 Al_2O_3 成分高,投药量少,产泥量少; 3. 形成的絮凝体较硫酸铝形成的絮凝体致密且大,形成快,易于沉降,混凝效果好; 4. 适用 pH 范围较硫酸铝宽,适用 pH 范围为 5~9,且稳定,一般不必投加碱性物质仍能保持较好的絮凝效果; 5. 处理后 pH 和碱度下降小; 6. 对处理设施和管道腐蚀性小
	三氯化铁	$FeCl_3 \cdot 6H_2O$	1. 价格便宜,易于生产; 2. 固体 $FeCl_3$ 吸湿性强,易溶于水,对金属及混凝土有较强的腐蚀性; 3. 混凝效果受水温影响小,形成的絮体密度和强度大,沉淀速度快,絮凝效果好; 4. 适宜絮体形成的 pH 范围是 6.0~8.4; 5. 可以去除污水中的硫化物

分类	名称	分子式	特性
无机凝聚剂	硫酸亚铁	$FeSO_4 \cdot 7H_2O$	1. 二价铁化合物是可溶的，且受 pH 限制，需要在 pH＞8.5 且污水有足够碱度和氧化剂存在的条件下，将 Fe^{2+} 氧化成 Fe^{3+}，以形成难溶的 $Fe(OH)_3$； 2. 絮体形成较快，较稳定，沉淀时间短； 3. 与石灰联合使用，混凝效果较好
	聚合硫酸铁	$[Fe_2(OH)_n(SO_4)^{3-n/2}]_m$，式中 $n<2$，$m=f(n)$，简写为 PFS	1. 原料价格低廉，生产成本较低，投药量少； 2. 与低分子凝聚剂相比，絮体颗粒形成速度快、颗粒密度大，沉降速度快； 3. 对处理水的温度和 pH 适应范围广； 4. 基本上不改变原水的 pH，不增加水中的 Cl^-； 5. 腐蚀性比 $FeCl_3$ 小； 6. 投加量过高，会增加出水中色度
有机絮凝剂、助凝剂	聚丙烯酰胺	$\begin{array}{c} \quad CH-CH_2 \quad \\ \mid \\ CONH_2 \end{array}_n$，简写为 PAM	1. 为非离子型聚合物，在碱性条件下起水解反应，水解后变成阴离子型，絮凝效果改善； 2. 聚丙烯酰胺在常温下比较稳定，高温时易降解，絮凝效果降低； 3. 固体产品不易溶解，一般通过机械搅拌配制成溶液； 4. 根据水质状况，有时也用作助凝剂
助凝剂	氯	Cl_2	1. 用硫酸亚铁为凝聚剂时，在水中投氯使二价铁氧化为三价铁； 2. 当处理高色度水、破坏水中残存有机物结构和去除臭味时，可在投混凝剂前先加氯，以减少混凝剂用量
	生石灰	CaO	1. 补充原水碱度，提高混凝效果； 2. 用于去除水中 CO_2，调整 pH
	氢氧化钠	$NaOH$	用于调整水的 pH

常用的混凝剂有无机絮凝剂、有机高分子絮凝剂、生物絮凝剂等。无机絮凝剂主要产品有硫酸铝、聚合氯化铝、三氯化铁、硫酸亚铁和聚合硫酸铁、聚合硅酸铝、聚合硅酸铁、聚合氯化铝铁、聚合硅酸铝铁和聚合硫酸氯化铝等。有机高分子絮凝剂以聚丙烯酰胺类产品为代表，生物絮凝剂是一类由微生物产生的具有絮凝能力的高分子有机物，主要有蛋白质、黏多糖、纤维素和核酸。下面简单介绍几种常用的混凝剂。

（1）聚合氯化铝（PAC）

聚合氯化铝是应用最广泛的一种絮凝剂，它在常温下化学性能稳定，久储不变质。固体裸露易吸潮，但不变质，无毒无害，溶液为无色至黄褐色透明状液体。聚合氯化铝易溶于水并易发生水解，水解过程中伴随有电化学、凝聚、吸附、沉淀等物理化学现象。相对于硫酸铝而言，聚合氯化铝混凝效果随温度变化较小，形成絮体的速度较快，絮体颗粒和相对密度都较大，沉淀性能好，投加量较小。

聚合氯化铝适宜的 pH 范围在 5～9，最佳处理范围在 6～8。PAC 处理水体适应力强，反应快、耗药少、制水成本低，矾花大，沉降快，滤性好，可提高设备利用率。但是 PAC 过量投加一般不会出现胶体的再稳定现象。聚合氯化铝水溶液呈弱酸性，pH 在 5.5～6.0，对设备的腐蚀性很小。

（2）聚合硫酸铁

聚合硫酸铁形态为淡黄色无定型粉状固体，极易溶于水，水溶液随时间由浅黄色变成红棕色透明溶液。在产品的储存和使用过程中，聚合硫酸铁对设备基本无腐蚀作用。聚合硫酸铁投药量低，而且基本不用控制液体的 pH。与铝盐相比，聚合硫酸铁絮凝速度更快，形成的矾花大，沉降速度快。另外，它还具有脱色、除重金属离子、降低水中 COD 的作用，但是其出水容易显黄色。

（3）聚丙烯酰胺（PAM）

聚丙烯酰胺按离子特殊性分类，可分为阳离子型、阴离子型、非离子型和两性酰胺四种。阳离子酰胺主要用于水处理，阴离子酰胺主要用于造纸和水处理，两性酰胺主要用于污泥脱水处理。聚丙烯酰胺易溶于冷水，分子量对溶解度影响不大，但高分子量的酰胺浓度超过质量分数 10% 以后会形成凝胶状态。溶解温度超过 50℃，PAM 发生分子降解而失去助凝作用。因此溶解聚丙烯酰胺时要用 45～50℃ 的温水最为适宜。配制聚丙烯酰胺溶液一般配成质量浓度为 0.05%～2%，阳离子酰胺黏度较小，可配制成浓度较大的溶液，阴离子酰胺黏度较大，可适当配制成浓度较小的溶液。配制溶液时不可浓度过大，否则不容易控制加药量，容易造成加药过量。聚丙烯酰胺溶液用于处理废水时，加药后的絮凝效果与搅拌时间有关。当已经形成大块絮凝时，就不要再继续搅拌，否则会使已经形成的较大矾花被打碎，变成细小的絮凝体，影响沉降效果。

3.1.3　影响混凝效果的因素

影响混凝效果的因素比较复杂，其中主要由水质本身的复杂变化引起，其次还要受到水温、pH 和混凝过程中水力条件等因素的影响。

3.1.3.1　水质

与给水水质不同，污水处理的二级出水中构成浊度的物质大多为生物过程中参加反应的微生物（活性污泥碎片、生物膜残屑）及其分泌物和代谢产物，是带负电荷的亲水胶体，其表面存在的极性集团吸收了大量的极性分子，使其外围包覆一层水层。

另外，二级出水中构成色度的物质大多数是不易生物降解的大分子有机物和具有一定色度的无机金属离子，这些物质在二级处理过程中虽然难以去除，但是与天然水体中色度物质相比，二级出水中的有机物更容易与混凝剂上配位空间发生配位反应，从而达到去除的目的。

总的来说，二级出水中形成悬浮物的颗粒粒径较大，而且比重较大，投加絮凝剂后，二级出水中的颗粒可以作为絮凝体的晶核，一方面为絮凝体提供了载体，另一方面通过吸附水中的胶体和沉淀物质，促进了絮凝体的形成和发展，有利于二级出水中胶体和悬浮颗粒的去除。

3.1.3.2　水温

水温对混凝效果有明显影响，水温过高或者过低对混凝过程均不利，最适宜的混凝水温为 20～30℃。水温低时不利于混凝剂水解。水的黏度也与水温有关，水温低时水的黏度大，致使水分子的布朗运动减弱，不利于水中污染物质胶粒的脱稳和聚集，因而絮凝体形成不易。水温低时胶体水化作用增强，妨碍胶体凝聚，升高水温絮凝效果则会提高。在低温条件下，必须增加絮凝剂用量。然而，水温过高时混凝剂的水解反应速度过快，形成的絮凝体水合作用增强、松散不易沉降，产生的化学污泥体积大，含水量高，不易处理。

3.1.3.3　pH 值

一方面水的 pH 值直接影响水中胶体颗粒的表面电荷和电位，不同 pH 值条件下胶体颗粒的表面电荷和电位不同, 所需要的混凝剂量也不相同; 另一方面, 水的 pH 值对混凝剂的水解反应有显著影响, 不同混凝剂进行水解反应需要的最佳 pH 值范围不同, 见表 3-2。

表 3-2　不同混凝剂的最佳 pH 值

混凝剂	最佳 pH 值	
	除浊度	除色度
硫酸铝	6.5～7.5	4.5～5.5
三价铁盐	6.0～8.4	3.5～5.0
硫酸亚铁	＞8.5	＞8.5

3.1.3.4　碱度

混凝剂加入污水中后, 发生水解反应, 反应过程中需要消耗污水中的碱度, 水中酸根离子增加。对于含氨氮浓度较高的污水, 在硝化过程中, 每氧化 1 kg 氨氮, 需要消耗 7.2 kg 碱度（以 $CaCO_3$ 计）, 虽然反硝化过程中每还原 1 kg 硝态氮, 产生 3.57 kg 碱度（以 $CaCO_3$ 计）, 因此对于含氨氮浓度较高的污水需要考虑二级出水中的碱度是否能够满足混凝的需要, 如果碱度不足, 可以考虑投加石灰等碱性物质来改善混凝效果。

3.1.3.5　水力条件

水力条件对混凝效果有显著影响。水力条件主要包括水力强度和作用时间两方面的因素。混凝过程可以分为快速混合与絮凝反应两个阶段。通常快速混合阶段要使投入的混凝剂迅速均匀地分散到原水中, 这样混凝剂能均匀地在水中水解聚合并使胶体颗粒脱稳凝聚，快速混合要求有快速而剧烈的水力或机械搅拌作用，而且要在几秒到一分钟内完成，至多不超过 2 min。快速混合完成后，进入絮凝反应阶段，已经脱稳的胶体颗粒通过异向絮凝和同向絮凝的方式逐渐增大成具有良好沉降性能的絮凝体，因此絮凝反应阶段搅拌强度和水流速度应随着絮凝体的增大而逐渐降低。混凝反应后需要絮凝体增长到足够大的颗粒尺寸通过沉淀去除，需要保证一定的作用时间，如果混凝反应后是采用气浮或者直接过滤的工艺，则反应时间可以大大缩短。

3.1.4 沉淀

3.1.4.1 概述

在深度处理中，沉淀主要用于去除混凝过程中产生的絮凝颗粒。根据悬浮物的性质、浓度及絮凝性能，沉淀可以分为自由沉淀、絮凝沉淀、成层沉淀、压缩沉淀四种形式。如果在经过部分混凝的水中添加惰性压载剂和聚合物，促进絮体颗粒快速沉降，这就是压载絮凝沉降，实际上是通过对絮凝颗粒沉淀过程的人工干预，以期取得更好的沉淀效果。

按照沉淀池的水流方向可分为平流式、竖流式和辐流式。按照截留颗粒沉降距离的不同，沉淀池可以分为一般沉淀和浅层沉淀。斜管（板）沉淀池为典型的浅层沉淀，其沉降距离仅为 30～200 mm。竖流式沉淀池受水力流态、池体直径影响，表面负荷小，处理效果不够理想，应用较少。近年来，一些专利技术如高密度澄清池（得利满公司专利）、ACTIFLO 沉淀池（OTV 公司专利）在给水处理、再生水处理中的应用也日趋增多。

3.1.4.2 斜管（板）沉淀池

斜管与斜板沉淀池是"浅层沉淀"理论在工程实践中的具体应用。在普通沉淀池中加设许多间隔较小的平行倾斜板或者直径较小的平行倾斜管，水在斜板或者斜管之间流动，悬浮颗粒沉于斜板或者斜管的底部，当颗粒累积到一定程度时，便自动滑下至集泥斗。斜板或者斜管沉淀池既可以增大沉淀面积，又解决了排泥问题。

根据水流和泥流的相对方向，可将斜板斜管沉淀池分为异向流（逆向流）、同流向和侧向流（横向流）三种类型，其中异向流应用的最广。异向流的特点：水流向上、泥流向下，倾角60度。

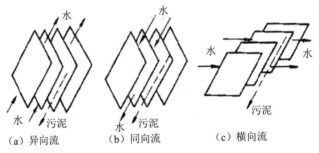

图 3-1　斜板沉淀池分类

斜管与斜板沉淀池的优点是：

① 利用了层流原理，提高了沉淀池的处理能力。

② 缩短了颗粒沉降距离，从而缩短了沉淀时间。

③ 增加了沉淀池的沉淀面积，从而提高了处理效率。这种类型沉淀池的过流率可达 $36 \text{ m}^3/(\text{m}^2 \cdot \text{h})$，比一般沉淀池的处理能力高出 $7 \sim 10$ 倍，是一种新型高效沉淀设备，并已定型用于生产实践。

④ 去除率高，停留时间短，占地面积小。

斜管与斜板沉淀池原理基本相同，但斜管的水力条件要优于斜板沉淀池。因为斜管的水力半径更小，雷诺数更低（一般小于 50），沉淀效果也更好。所以，目前污水再生利用中斜管沉淀池应用较多。

3.1.4.3 新型沉淀池

近年来，一些新型沉淀池如高密度沉淀池和磁混凝沉淀池在再生水处理领域日益增多。

（1）高密度沉淀池

高密度沉淀池主要的技术是载体絮凝技术，这是一种快速沉淀技术，其特点是在混凝阶段投加高密度的不溶介质颗粒（如细砂），利用介质的重力沉降及载体的吸附作用加快絮体的"生长"及沉淀。与传统絮凝工艺相比，该技术具有占地面积小、工程造价低、耐冲击负荷等优点。

其工作原理是首先向水中投加混凝剂（如硫酸铁），使水中的悬浮物及胶体颗粒脱稳，然后投加高分子助凝剂和密度较大的载体颗粒，使脱稳后的杂质颗粒以载体为絮核，通过高分子链的架桥吸附作用以及微砂颗粒的沉积网捕作用，快速生成密度较大的矾花，从而大大缩短沉降时间，提高澄清池的处理能力，并有效应对高冲击负荷。

自 20 世纪 90 年代以来，西方国家已开发了多种成熟的应用技术，并成功用于全球 100 多个大型水厂。高密度沉淀池的典型工艺有 Actiflo®工艺和 DensaDeg®工艺。

Actiflo®工艺自 1991 年开始在欧洲用于饮用水及污水处理，其特点是以 45～150 mm 的细砂为载体强化混凝，并选用斜管沉淀池加快固液分离速度，表面负荷为 80～120 m/h，最高可达 200 m/h，是目前应用最为广泛的载体絮凝技术。

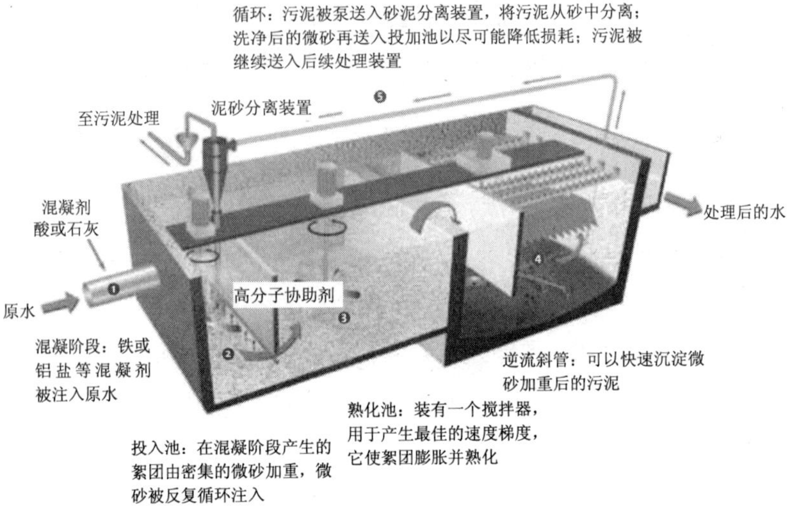

图 3-2　Actiflo® 工艺

Actiflo®高效沉淀工艺的工艺流程如图 3-2 所示:

① 混凝阶段:混凝剂投加在原水中,在快速搅拌器的作用下同污水中悬浮物快速混合,通过中和颗粒表面的负电荷使颗粒"脱稳",形成小的絮体后进入絮凝池;同时原水中的磷和混凝剂反应形成磷酸盐达到化学除磷的目的。

② 投加阶段:微砂和混凝形成的小絮体在快速搅拌器的作用下快速混合,并以微砂为核心形成密度更大、更重的絮体,以利于在沉淀池中的快速沉淀。

③ 絮凝阶段:絮凝剂促使进入的小絮体通过吸附、电性中和和相互间的架桥作用形成更大的絮体,慢速搅拌器的作用即使药剂和絮体能够充分混合又不会破坏已形成的大絮体。

④ 沉淀阶段：絮凝后的出水进入沉淀池的斜板底部然后向上流至上部集水区，颗粒和絮体沉淀在斜板的表面上并在重力作用下下滑。较高的上升流速和斜板 60°倾斜可以形成一个连续自刮的过程，使絮体不会积累在斜板上。

微砂随污泥沿斜板表面下滑并沉淀在沉淀池底部，然后循环泵把微砂和污泥输送到水力分离器中，在离心力的作用下微砂和污泥进行分离。微砂从下层流出直接回到投加池中，污泥从上层流溢出然后通过重力流流向污泥处理系统。

沉淀后的水由分布在斜板沉淀池顶部的不锈钢集水槽收集、排放。

（2） DensaDeg®工艺

DensaDeg®工艺可用于饮用水澄清、三次除磷、强化初沉处理以及合流制污水溢流（CSO）和生活污水溢流（SSO）处理。该工艺现已在法国、德国、瑞士得到推广应用。

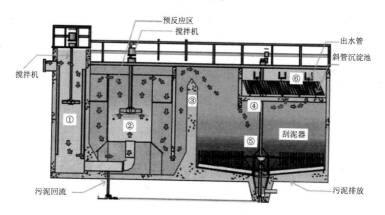

注：①快速混合区；②反应区；③转移区；④沉淀分离区；⑤污泥浓缩；⑥出水收集

图 3-3　DensaDeg® 工艺

DensaDeg®高密度沉淀池为三个单元的综合体：反应、预沉—浓缩和斜板分离。

① 反应池

反应池分两部分，每部分的絮凝能量有所差别。中部絮凝速度快，由一个轴流叶轮进行搅拌，该叶轮使水流在反应器内循环流动。周边区域的活塞流导致絮凝速度缓慢。投入混凝剂的原水通常进入搅拌反应器的底部。絮凝剂加在涡轮桨的底部。聚合物的投加受DensaDeg®高密度沉淀池的原水控制。

反应池独特的设计的结果，即能够形成较大块的密实的均匀的矾花，这些矾花以比现今其他正在使用的沉淀系统快得多的速度进入预沉区。

② 预沉池—浓缩池

当进入面积较大的预沉区时，矾花移动速度放缓。这样可以避免矾花破裂及涡流的形成，也使绝大部分的悬浮固体在该区沉淀并浓缩。泥板装有锥头刮泥机。部分浓缩污泥在浓缩池抽出并泵送回至反应池入口。浓缩区可分为两层：一层在锥形循环筒上面，另一层在锥形循环筒下面。从预沉池—浓缩池的底部抽出剩余污泥。

③ 斜板分离池

在斜板沉淀区除去剩余的矾花。精心的设计使斜板区的配水十分均匀。正是因为在整个斜板面积上均匀的配水，所以水流不会短路，从而使得沉淀在最佳状态下完成。沉淀水由一个收集槽系统收集。矾花堆积在沉淀池下部，形成的污泥也在这部分区域浓缩。根据装置的尺寸，污泥靠自重收集或刮除或被循环至反应池前部。

（3）磁混凝工艺

磁混凝工艺是在常规混凝沉淀工艺中添加磁粉，并使磁粉与混凝絮体有效地结合。由于磁粉的密度大，因此大大增加了混凝絮体的密度，加快了絮体的沉降速度。磁混凝工艺同时设置了污泥回流系统，使得污泥中磁粉及混凝剂循环使用，有利于节约混凝剂用量。剩余污泥中的磁粉经过回收后排出本系统。

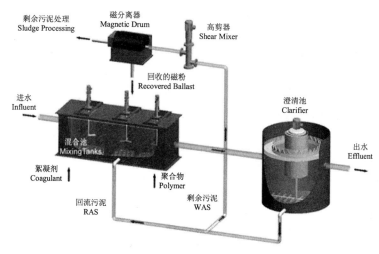

图 3-4　磁混凝工艺

　　磁混凝工艺沉淀表面负荷可达 20～40 m³/（m²·h），同时具有优良的沉淀效果，可与普通石英砂过滤相媲美。磁混凝工艺的技术特点：① 极短的混凝与沉淀时间，总计 HRT＜20 min；占地面积极小；② 沉淀出水悬浮物＜5 mg/L，浊度＜1.0 NTU；③ 具有优异的除磷效果，出水总磷＜0.02 mg/L，被美国环保署列为推荐除磷工艺；④ 由于系统内部具有 5 g/L 以上的磁粉，因此耐受流量及固体负荷冲击；⑤ 磁粉损耗很低，折合费用约为 0.005 L/m³。

3.1.4.4 小结

表 3-3 常用沉淀（包括磁分离）形式比较

沉淀池形式	特点	主要设计参数	适用条件
平流沉淀池	1. 构造简单，施工方便，造价较低； 2. 排泥设备已趋定型； 3. 配水不易均匀； 4. 占地面积较大	1. 水平流速 10～25 mm/s； 2. 沉淀时间 2.0～4.0 h	一般用于大、中型给水厂、污水处理厂，目前在再生水处理中应用较少
辐流式沉淀池	1. 构造简单，施工方便，造价比平流式沉淀池高，但比同规模的斜管沉淀池低； 2. 沉淀效果比较好； 3. 多为机械排泥，运行可靠； 4. 排泥设备已经定型化	1. 表面水力负荷 1.0～2.0 m³/（m²·h）； 2. 沉淀时间 1.5～4.0 h	在污水处理厂中广泛应用，但在给水厂、再生水厂中应用较少
斜管（板）沉淀池	1. 沉淀效率高； 2. 池体小、占地少； 3. 停留时间比平流沉淀池短； 4. 可能滋长藻类	1. 颗粒沉降速度 0.3～0.6 mm/s； 2. 斜板（管）倾角 50°～60°，常用 60°	可用于各种规模的给水厂、再生水厂，目前在再生水处理中应用较多
DensaDeg®	1. 采用池外泥渣回流，应用高分子絮凝剂，使形成的絮体均匀和密集，具有较高的沉降速度； 2. 沉淀池下部设置较大的浓缩区，排放污泥的含固率可达 3%～14%	斜管区上升流速 5.6～8.3 mm/s	可用于各种规模的给水厂、再生水厂，目前在再生水处理中应用较多

沉淀池形式	特点	主要设计参数	适用条件
ACTIFLO 沉淀池	1. 利用细砂作为混凝的核心物质,形成的絮粒沉降较快; 2. 对水量和水质变化的适应性较好	1. 细砂粒径 0.4～0.5 mm; 2. 采用细砂回流后,絮凝时间可以缩短到 8 min; 3. 斜管区上升流速11～17 mm/s	可用于各种规模的给水厂、再生水厂
磁分离	1. 单台设备处理量大,出水水质好; 2. 磁分离时间短; 3. 与工艺配套的混凝系统用药量少; 4. 设备占地少,处理量大; 5. 出渣污泥浓度高; 6. 设备节能性能好	1. 沉淀速度可达 5.56～11.11 mm/s (20 ～40 m/h); 2. 磁种投加量 30～300 mg/L; 3. 超磁分离设备磁盘转速为 1～3 r/min; 4. 磁种回收效率≥99%; 5. 污水在磁分离系统中总停留时间大约为 3 min	1. 已在冶金、矿山等行业得到广泛应用,目前在市政方面的应用逐渐增多; 2. 可应用于各种规模的再生水厂

3.2　介质过滤

3.2.1　概述

　　过滤是指借助粒状材料或者多孔介质截除水中杂物的过程。在污水再生利用中,过滤的作用主要有:① 去除经过生物处理、混凝沉淀后仍不能去除的悬浮颗粒和微絮凝体;② 提高悬浮固体、浊度、磷、BOD、COD、重金属、细菌、病毒以及其他物质的去除率;③ 通过去除悬浮物和其他干扰物质，提高消毒效率，改善消毒效果，减少消毒费用；④ 作为预处理设施，降低后续处理单元如活性炭吸附单元、膜过滤单元的负荷，提高活性炭的工作周期、延长膜的寿命。在老三段工艺中，过滤作为回用之前的最后步骤，是保证出水水质的关键过程。

3.2.2　过滤分类

过滤按原理可以分为表面过滤和深层过滤。表面过滤是固体颗粒被截留在介质表面形成滤渣层，由滤渣层起过滤介质作用，如滤布滤池、转盘过滤。深层过滤是固体颗粒被截留于介质内部的孔隙中，如活性砂滤池、V 形滤池、纤维滤池等。深层过滤介质为堆积介质，如砂、木炭、纤维和硅藻土等。

若按照滤速可分为慢滤池、快滤池和高速滤池；按照水流方向可以分为上向流、下向流和双向流等；按照滤料可以分为单层滤料、双层滤料和三层滤料等。

3.2.3　深层过滤工艺

为充分发挥滤料层截留杂质的能力，采用了滤料粒径沿水流方向逐渐减小的滤料，如双层滤料、多层滤料、纤维束滤料、纤维球滤料等；V 形滤池则通过提高石英砂滤料的厚度提高滤层的截污能力。

3.2.3.1　普通快滤池

普通快滤池指的是为传统的快滤池布置形式，应用于给水处理已经有一百年以上的历史。在污水处理领域，适用于混凝沉淀出水或其他有除浊要求的水的深度处理。城镇污水二级处理/二级强化处理出水浊度较低时可采用微絮凝—过滤。

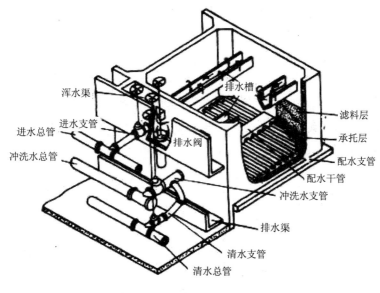

图 3-5 普通快滤池

过滤时，由进水管向池内滤层上部引入滤前水，水自上而下经过滤层过滤，滤后水由下部配水系统汇集后，经出水管流出池外。当过滤达到预定的水头损失或者出水浊度达到预定值时，停止进水和出水，由反冲洗管向池内送入反冲洗水，经配水系统均匀分配后，由下向上对滤层进行冲洗，冲洗后的废水溢流入上部排水槽，再经排水管引出池外排入废水管道。反冲洗结束后，停止供应反冲洗水并关闭排水阀，恢复进水和出水，重新开始过滤过程。单层滤料滤池的运行就是通过"过滤—反冲洗—过滤—反冲洗"反复进行的。其他颗粒滤料滤池（包括双层滤料滤池、V 形滤池）的运行过程类似，只不过进水方式、反冲洗方式、配水系统略有不同。

单层滤料滤池在给水处理中有成熟的运转经验，运行稳定可靠，采用石英砂做滤料，材料易得，价格便宜，操作方便。单层滤料滤池存在的不足主要是：① 不能实现沿水流方向滤料由大到小的理想过滤，不能充分利用滤料的截污能力，一旦上层滤料被穿透，下层滤料很难起到把关作用，使滤池过滤周期缩短，影响过滤效果；② 水头损失大，一般达到 2.0～2.5 m，反冲洗耗水量大，一般为产水量的 1.5%～3%；③ 应用于污水过滤时，截污能力低，容易在滤料表面形成污泥层，滤速低。

3.2.3.2 多层滤料滤池

多层滤料滤池指滤料层有两层或者两层以上滤料的滤池，目前滤料最多的为三层，但工程实践中多用双层滤料滤池。双层滤料滤池主要是煤砂双层滤料滤池，水流通过由粗到细的滤料层，使大部分悬浮物进入到滤料内部，因此具有截污能力高、出水水质稳定、滤速高、过滤周期较长等优点。由于采用双层滤料，即使无烟煤滤层穿透，还有下面的砂层截留污染物质，出水水质有保证，因此双层滤料滤池比较适合于污水再生处理。

关于轻质滤料丢失的问题，用水冲洗或是气水分隔冲洗，只要管理得当，设计合理，不会发生丢失情况。双层滤料滤池效率约为普通砂滤池效率的一倍，水头损失也小，过滤周期也比较小。

双层滤料滤池在国外尤其是美、日等国仍然作为主要过滤设施采用，国内也在大量使用，当前还是应予优先考虑的一种滤池。

3.2.3.3 V 形滤池

V 形滤池是快滤池的一种形式，因为其进水槽形状呈 V 字形而得名，也叫均粒滤料滤池（其滤料采用均质滤料，即均粒径滤料）、六阀滤池（各种管路上有六个主要阀门）。均粒滤料滤池是一种重力式快滤池，其出发点是采用单层加厚石英砂滤料深层截污，减少滤池反冲洗时水力分级给过滤带来的不利影响。它是我国于 20 世纪 80 年代末从法国 Degremont 公司引进的技术。

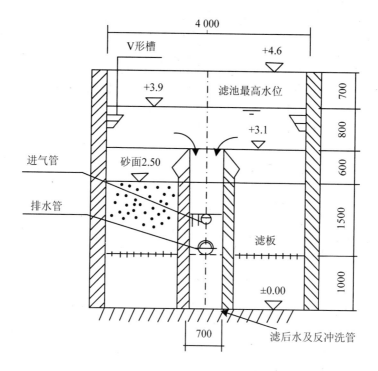

图 3-6 V 形滤池

V 形滤池的主要特点如下：

- 恒水位等速过滤。滤池出水阀随水位变化不断调节开启度，使池内水位在整个过滤周期内保持不变，滤层不出现负压。当某单格滤池反冲洗时，待滤水继续进入该格滤池作为表面扫洗水，使其他各格滤池的进水量和滤速基本不变。

- 滤料采用大的有效粒径和较厚的砂滤层——有效粒径 d=1.0～1.3 mm，不均匀系数 K_{80}＜1.4，厚度 1.2～1.5 m，能使污物更深地渗入过滤介质中从而充分发挥滤料的截污能力，故滤速较高，过滤周期长，出水效果好。

- V 形进水槽（冲洗时兼做表面扫洗布水槽）和排水槽沿池长方向布置，单池面积较大时有利于布水均匀。

- 冲洗采用空气、水反冲洗和表面扫洗，提高了冲洗效果并节约冲洗用水。

V 形滤池兼备了优质过滤和有效冲洗的优点，适应当今过滤技术的发展趋势，被认为是值得推广的过滤工艺。

3.2.3.4　纤维束滤池

石英砂作为过滤的滤料，由于其来源、机械强度、价格、化学稳定性等方面的优越条件，从而始终占据主要地位，而纤维束滤池采用软填料——纤维束作为滤元。束状纤维滤料是人工合成纤维，是一种不带有任何功能基团的高分子纤维材料，它过滤吸附水中的悬浮物以表面物理吸附为主，其特点是：

- 具有足够的化学稳定性，过滤过程中没有发生任何溶解于过滤水的现象；

- 具有比石英砂强度高得多的机械强度，无论反洗强度多高，它也不会发生破损和流失跑料；

- 由于纤维滤料的比表面积大，吸附能力强，其出水水质优于粒状滤料。

纤维的不足是在高温下产生老化，光、热稳定性差，一般使用温度不要超过 90℃。纤维束滤池的池型采用快滤池或 V 形滤池，主要去除水中的悬浮物，直接过滤去除率可达 80%以上，结合投加药剂可去除总磷，去除悬浮物的同时可去除部分 COD_{Cr} 以及 BOD_5。

3.2.3.5　纤维球滤池

纤维球滤料以合成纤维如涤纶、尼龙等纤维加工制作而成，常用纤维丝直径 5～100 μm，纤维球直径为 10～80 mm，采用气水同时冲洗。纤维球过滤具有如下特点：① 用涤纶纤维短丝结扎而成的纤维球滤料与传统无烟煤、石英砂、陶粒等刚性滤料不同，是可压缩的软性滤料，孔隙率大，在过滤过程中由于水流阻力而产生压缩，滤层孔隙率沿水流方向逐渐变小，比较符合上大下小的滤料粒径分布；② 与传统无烟煤、石英砂、陶粒等滤料相比，纤维球滤料具有滤速高（滤速可达 20～30 m/h，但一般采用 10 m/h 以下的滤速）、截泥量大（截污容量达 4～5 kg/m³）、工作周期长的优点；③ 采用气水反冲洗，冲洗水量为过滤水量的 1%～2%。纤维球滤料存在的问题主要包括：① 纤维球中心可能存在密实区，在反洗时也不会松散，内部容易积泥，导致性能衰减；② 短纤维容易脱落等。

3.2.3.6　D 形滤池

D 形滤池在结构和运行方式上借鉴了法国得利满公司 V 形石英砂滤池的结构，滤料采用了清华大学研制的"彗星式纤维过滤材料"。

D 形滤池的控制可采用手动控制和自动控制两种方式，可根据用户需要制定，灵活、先进。特有的拦截技术，可保证滤料在反冲洗时不会流失。反冲洗耗水率低（约 1%～2%），运行费用省。具有钢板和混凝土两种结构，根据用户和实际需要选择，最大限度地节约投资费用。抗冲击性能强。

D 形滤池的不足之处是：彗星式纤维过滤材料的"彗核"处可能存在反洗死区，反洗时出现"彗尾"团在"彗核"上而成球，以及多个填料相互缠绕在一起，影响反冲洗效果。

D 形滤池的主要参数：进水浊度≤10NTU，出水浊度≤1NTU；滤床高度 0.65～0.8 m；设计过滤速度一般为 10～20 m/h；过滤周期一般为 8～24 h；水头损失一般为 0.6～2.3 m。

3.2.3.7 活性砂滤池

活性砂过滤，也称连续流砂过滤，解决了污水过滤周期短、清洗频繁的问题。该工艺可在过滤的同时实现滤料的清洗，使滤池连续运行，做到不停产反冲洗。近年来一些新的专利技术不断涌现，为污水过滤提供了更多的选择。

连续流砂过滤基于逆流原理，原水通过设备底部的入流分配管进入过滤装置内部，并经布水器均匀配水后向上逆流通过滤料层并经顶部的溢流堰排出，在此过程中，原水被过滤，污水中的污染物含量降低。同时，石英砂滤料中污染物的含量增加，并且下层滤料层的污染物含量高于上层滤料。位于过滤装置中央的空气提升泵将底层的石英砂滤料提升至过滤装置顶部的洗砂器中清洗，通过水流的紊流作用将砂表面的污染物分离出，清洗后的净砂利用自重返回到砂床中。清洗砂所产生的污水从过滤器的排污口排出。

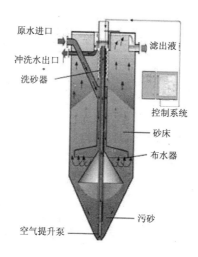

图 3-7　活性砂滤池

活性砂过滤器的特点主要包括：

- 采用升流式移动床过滤，过滤与洗砂同时进行，能够 24 h 连续自动运行，无须停机反冲洗，特殊的提砂和洗砂结构代替了传统反冲洗系统，能耗低、操作控制简单；

- 处理效率高，出水水质稳定，由于过滤的砂粒在持续不断的循环中迅速得以清洗自净，因此砂滤可以获得持续稳定的高效率，保证出水水质的稳定性；

- 运行及维护费用低，连续式砂滤装置依靠重力流进行布水，降低了运行能耗；

- 深层过滤，滤床深度 2 000～2 500 mm，过滤效果好，出水水质稳定；

- 滤床压头损失小，只有 0.5 m；

- 采用单一均质滤料，无须级配层；
- 滤料被连续清洗，过滤效果好，无初滤液问题；
- 易于改扩建。

连续流砂过滤的不足之处是提砂困难，当提砂管的气水比较小时，过滤层得不到有效清洗，使出水水质变差；当提砂管内的气水比较大时，提砂管内的水量较小，提升的砂料较多，滤料在提砂管内清洗效果差。另外，该工艺清洗滤料需要的水量较大。

3.2.4 表面过滤工艺

3.2.4.1 纤维转盘滤池

纤维转盘滤池是近年来在工程中采用较多的一种表面过滤形式。纤维转盘滤池的过滤介质是纤维毛滤布，它是由有机纤维堆积而成，其绒毛状表面由尼龙纤维堆积而成，同时以聚酯纤维作为支撑体。在干燥状态下，纤维毛呈直立状态，浸湿后，纤维毛便会耷拉下来，形成滤布介质有 3～5 mm 的有效过滤深度，且当量孔径只有 10 μm，可以使固体粒子在有效过滤厚度中与过滤介质充分接触，将超过尺寸的粒子俘获。滤布的深度能够存储俘获的粒子，减小反冲洗流量，同时还可减少正常运行时的水头损失。在反洗状态下，与反抽吸装置相靠近的纤维毛又会直立起来，方便纤维毛中的杂质排出，可以清洗彻底。

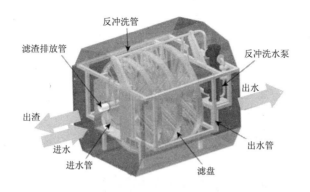

图 3-8　纤维转盘滤池

3.2.4.2　滤布滤池

滤布滤池主要用于冷却循环水处理、污水深度处理后回用。用于污水的深度处理，设置于常规活性污泥法、SBR 系统、氧化沟系统、滴滤池系统、氧化塘等后，可用于以下领域：① 去除总悬浮固体；② 结合投加药剂可去除磷；③可去除重金属等。

原水进入滤池经挡板消能后，通过固定在支架上的微孔滤布，固体悬浮物被截留在滤布外侧，过滤液通过中空管收集，重力流通过溢流槽排出滤池。过滤中，污泥吸附于滤布外侧，逐渐形成污泥层。随着滤布上污泥的积累，滤布过滤阻力增加，池内液位逐渐升高，当液位上升到设定值时，PLC 同时开启反抽吸泵及传动装置。圆盘转动过程中，固定于滤布外侧的刮板与滤布表面摩擦，刮去滤布表面的污泥，同时圆盘内的水被由内向外抽吸，清洗滤布微孔中的污泥，池底设排泥管。通过时间设定，由 PLC 自动开启排泥泵将污泥排出。

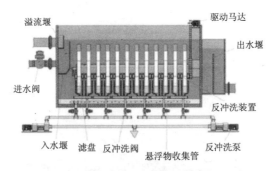

图 3-9　滤布滤池

滤布过滤系统与砂滤相比，在技术和经济指标方面都有很多优势。① 技术上：处理效果好并且水质、水量稳定；运行维护简单方便。② 经济上：设备闲置率低，总装机功率低；设备简单紧凑，附属设备少，整个过滤系统的投资低并且占地小，处理效果好，出水水质高。

3.2.5　小结

常用过滤工艺参数如表 3-4 所示。

表 3-4　常用过滤工艺参数

滤池形式	滤池水流方式	滤料	滤速/(m/h)	反冲洗方式	配水配气系统	工作周期及水头损失	特点
普通快滤池	下向流重力式过滤	1.一般采用石英砂，粒径 0.5～1.2 mm，不均匀系数 K_{80}≤2.0；2.滤料层厚度 700～1 000 mm	4～6	采用水冲或气水联合冲洗，根据情况可增加表面辅助冲洗	多采用大阻力配水系统	1.设计工作周期一般采用 12～24 h；2.反冲洗前水头损失最大值 2.0～2.5 m	1.运行管理可靠，有成熟的运行经验；2.产水率较高；3.池深较浅；4.阀门较多；5.单池面积不超过 100 m²
多层滤料滤池	下向流重力式过滤	1.上层采用无烟煤，厚度 300～400 mm，K_{80}≤2.0；2.下层采用石英砂，厚度 400～500 mm，K_{80}≤2.0	5～10	采用水冲或气水联合冲洗，根据情况增加表面冲洗	多采用大阻力配水系统和辅助冲洗	1.设计工作周期一般采用 12～24 h；2.反冲洗前水头损失最大值 2.5 m	1.滤速比单层滤料高；2.截污能力为单层滤料的 1.5～2.0 倍；3.滤料粒径要求严格；4.冲洗要求高，煤砂之间易积泥、混杂
V 形滤池	下向流重力式过滤	1.一般采用石英砂，粒径 1.0～1.3 mm，不均匀系数 K_{80}<1.4；2.滤料层厚度 1 200～1 500 mm	4～6	一般先气洗，再气水同时冲洗，最后水冲洗，在反冲洗同时进行表面扫洗	一般采用长柄滤头	1.设计工作周期一般采用 12～24 h；2.反冲洗前水头损失最大值 2.0 m	1.采用均质滤料，截污能力高，反冲洗效果好；2.气水反冲加表面扫洗，果好；3.单个滤池面积大，可达 150 m²

滤池形式	滤池水流方式	滤料	滤速/(m/h)	反冲洗方式	配水配气系统	工作周期及水头损失	特点
纤维束滤池	下向流重力式过滤	1. 由纤维长丝制成的纤维束；2. 截污容重：20 kg/m³；3. 滤层高度1.0~1.2 m	18~20	水洗—气水洗、混洗—水洗	气水长柄滤头	1. 冲洗周期：12~24 h；2. 水头损失：2.0~2.5 m；3. 池深：4.0~4.5 m	1. 占地面积小；2. 滤层密度可调整；3. 滤元使用寿命长、不脱落短纤维；4. 自耗水量低、处理效果好、易于清洗
纤维球滤池		纤维加工制作而成，属干可压缩的软性填料，纤维球直径为10~80 mm	10~20	采用气、水冲洗			1. 截留量大；2. 滤速高；3. 水头损失小；4. 运行周期长
D形滤池	下向流重力式过滤	1. 彗星式纤维滤料；2. 滤床高度0.65~0.80 m	18~20	水洗—气水洗、混洗—水洗	气水长柄滤头	1. 冲洗周期：8~24 h；2. 水头损失：0.6~2.3 m	1. 可实现高滤速、高精度的过滤，占地面积小；2. 滤床孔隙率分布接近理想滤料；3. 抗冲击性能强
活性砂滤池	上向流重力式过滤	1. 采用单一石英砂滤料；2. 滤床深度约2.0~2.5 m	8~12	连续自清洗	布水器	1. 连续工作；2. 水头损失约0.5~1.0 m	1. 采用模块化设计，结构紧凑，占地面积小，处理能力大；2. 采用单级滤料，无须级配；3. 可以连续自动清洗机，操作控制简单，无须停机；4. 物理过滤与生物净化同时发生

滤池形式	滤池水流方式	滤料	滤速/(m/h)	反冲洗方式	配水配气系统	工作周期及水头损失	特点
纤维转盘滤池	重力式；滤盘池体进水	过滤材料采用纤维绒毛滤布，过滤时绒毛平铺，增加过滤深度，孔径达到微米级，可截留粒径为几微米的小颗粒	8~10	水反冲洗	布水堰、反冲洗泵	滤池内部水头损失约0.25~0.40 m	1. 出水水质优于滤料滤池； 2. 占地面积小，可实现整体模块化，施工方便快捷，而且扩建容易； 3. 反冲洗耗水量约为普通砂滤池的1/2； 4. 水头损失小。纤维转盘滤池内的水头损失一般为0.25~0.40 m
滤布滤池	重力式；滤盘池体进水	一般以有机纤维堆积而成，标准孔径为10 μm		水反冲洗		1. 水力负荷宜为6~16 m³/(m²·h)； 2. 水头损失为0.05~0.3 m	1. 节省能耗，一般是常规水反冲滤池能耗的1/3； 2. 过滤水头小； 3. 占地面积小，维护使用简便

3.3 膜分离工艺

3.3.1 膜分离概述

膜分离是以选择性透过膜为分离介质，在膜两侧一定推动力的作用下，使原料中的某组分选择性地透过膜，从而使混合物得以分离，以达到提纯、浓缩等目的的分离过程。膜分离所用的推动力可以是浓度差、压力差、电动势差等。在水处理领域，广泛使用的推动力为压力。压力驱动膜分离工艺主要包括微滤（MF）、超滤（UF）、纳滤（NF）、反渗透（RO）等。膜分离工艺作为新的分离净化和浓缩方法，与传统分离操作（如蒸发、萃取、混凝、沉淀、过滤、离子交换等）相比较，其优点是：

- 膜分离是一个高效分离过程，可以实现高纯度的分离；
- 不发生相变化，能量转化效率高；
- 膜分离过程一般不需要投加其他物质，可以节省原材料和化学药品；
- 膜分离过程中，分离和浓缩同时进行，可回收有价值的物质；
- 膜分离过程可以在常温下操作，因而特别适于对热敏感物质的分离；
- 膜分离设备本身没有运动的部件，可靠性高，操作、维护都十分方便；
- 作为一种新型的水处理工艺，与常规水处理工艺相比，具有设备紧凑、处理效率高、容易实现自动化操作、占地面积小、可以频繁启动或者停止工作的特点，十分灵活。

膜分离法的缺点是：① 电耗大，处理成本较高；② 膜分离技术中的主要部件——膜需要定期清洗（可以用清水或者清洗剂）；③ 清洗排出液和处理过程产生的浓缩液需作妥善处置，否则会对环境和水处理过程带来负面影响。

3.3.2　膜与膜组件

3.3.2.1　分离膜性能

分离膜（Membrane）是膜过程的核心部件，其性能直接影响着分离效果、操作能耗以及设备的大小。分离膜的性能主要包括两个方面：透过性能与分离性能。

（1）透过性能

能够使被分离的混合物有选择地透过是分离膜的最基本条件。表征膜透过性能的数是透过速率，是指单位时间、单位膜面积透过组分的通过量，对于水溶液体系，又称透水率或膜通量，以 J 表示。

膜通量直接决定了膜过滤设备的大小，在截留率一定的条件下，膜通量越大越好。膜通量由驱动力和总阻力两方面决定，总阻力是由膜和膜邻近区域产生的。膜的阻力是固定的，除非膜部分地被进水中的污染物堵塞；而另一方面，膜邻近区域的阻力是进水组分和渗透通量的函数，因为在常规的压力驱动过程中，膜截留的物质会在膜表面附近区域累积，累积速率与膜通量有关，这些截留的物质会通过几种物理化学途径造成膜的污染。通常用单位时间内单位面积膜上透过的溶液量 J 表示，具体见公式：

$$J = \frac{V}{A \cdot t}$$

式中：J —— 透过速率，$m^3/(m^2 \cdot h)$ 或 $kg/(m^2 \cdot h)$；

V —— 透过组分的体积或质量，m^3 或 kg；

A —— 膜有效面积，m^2；

t —— 操作时间，h。

膜的透过速率与膜材料的化学特性和分离膜的形态结构有关，且随操作推动力的增加而增大。此参数直接决定分离设备的大小。

（2）分离性能

分离膜必须对被分离混合物中各组分具有选择透过的能力，即具有分离能力，这是膜分离过程得以实现的前提。不同膜分离过程中膜的分离性能有不同的表示方法，如截留率、截留分子量、分离因数等。

① 截留率

对于反渗透过程，通常用截留率表示其分离性能。截留率反映膜对溶质的截留程度，对盐溶液又称为脱盐率，以 R 表示，公式为：

$$R = \frac{c_F - c_P}{c_F} \times 100\%$$

式中：c_F —— 原料中溶质的浓度，kg/m^3；

c_P —— 渗透物中溶质的浓度，kg/m^3。

100%截留率表示溶质全部被膜截留，此为理想的半渗透膜；0%截留率则表示全部溶质透过膜，无分离作用。通常截留率在 0%～100%。

② 截留分子量

在超滤和纳滤中，通常用截留分子量表示其分离性能。截留分子量是指截留率为 90%时所对应的分子量。截留分子量的高低，在一定程度上反映了膜孔径的大小。

膜的分离性能主要取决于膜材料的化学特性和分离膜的形态结构，同时也与膜分离过程的一些操作条件有关。该性能对分离效果、操作能耗都有决定性的影响。

3.3.2.2　膜材料及分类

理想的膜材料应该具有如下特点：① 能够维持高的透过通量；② 对理想的渗透组分具有高效选择性；③ 耐污染、使用寿命长、性能衰减慢；④ 机械强度好，多孔支撑层的压实作用小；⑤ 稳定性好，耐酸、碱腐蚀和微生物侵蚀；⑥ 制膜容易，价格便宜，原料充足。目前生产实践中应用最多的人工合成膜主要分为有机膜和无机膜，如表 3-5 所示。

表 3-5　膜材料分类

有机材料	纤维素类	二醋酸纤维素、三醋酸纤维素、醋酸丙酸纤维素、硝酸纤维素等
	聚酰胺类	尼龙-66、芳香聚酰胺、芳香聚酰胺酰肼等
	芳香杂环类	聚哌嗪酰胺、聚酰亚胺、聚苯并咪唑、聚苯并咪唑酮等
	聚砜类	聚砜、聚醚砜、磺化聚砜、磺化聚醚砜等
	聚烯烃类	聚乙烯、聚丙烯、聚氯乙烯、聚丙烯腈、聚乙烯醇、聚丙酸等
	硅橡胶类	聚二甲基硅氧烷、聚三甲基硅烷丙炔、聚乙烯基三甲基硅烷
	含氟聚合物	聚全氟磺酸、聚偏氟乙烯、聚四氟乙烯等
	其他	聚碳酸酯、聚电解质
无机材料	陶瓷	氧化铝、氧化硅、氧化锆等
	玻璃	硼酸盐玻璃
	金属	铝、钯、银等

膜的种类和功能繁多，不能用一种方法来明确分类，比较常用的是按照材料、结构形式、分离机理分类。具体分类见图 3-10。

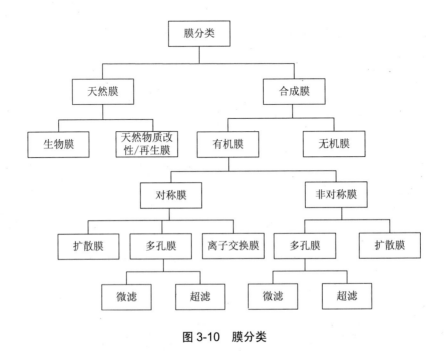

图 3-10　膜分类

有机高分子分离膜从形态结构上可以分为对称膜和非对称膜两大类。对称膜的膜孔结构不随孔深度而变化，非对称膜的膜孔结构随孔深度而变化。对称膜又称为均质膜，是一种均匀的薄膜，膜两侧截面的结构及形态完全相同，包括致密的无孔膜和对称的多孔膜两种。一般对称膜的厚度在 10～200 μm，传质阻力由膜的总厚度决定，降低膜的厚度可以提高透过速率。

非对称膜的截面结构呈现出不对称性，一般表面为极薄的起分离作用的皮层，而多孔支撑层位于皮层之下。非对称膜分为相转化膜和复合膜，相转化膜的皮层和支撑层是同一种材料，通过相转化过程形成非对称结构；复合膜的表面活性层和支撑层则由不同的材料组成，通过在支撑层上进行浇铸、界面聚合、等离子聚合等形成超薄表面活性层。复合膜是当前发展最快、研究最多的膜之一，复合膜的性能不仅取决于活性膜层，而且受微孔支撑结构、孔径、孔分布和孔隙率的影响。

3.3.2.3　膜组件

膜组件是将一定面积的膜以某种形式组装在一起的器件，在其中实现混合物的分离，是膜装置的核心部分。目前常用的膜组件主要有：管式、中空纤维式、平板式、卷式、毛细管式等。管式、毛细管式、中空纤维式均为管状膜，它们的区别主要是直径的不同：管式膜的管径通常为 6～25 mm，毛细管的管径为 3～6 mm，中空纤维的管径通常为 0.5～2.5 mm。管状膜直径越小，单位体积里的膜面积越大。一般情况下，平板式和管式组件处理量小，而中空纤维式和卷式膜处理量大。

（1）管式膜组件

管式膜组件是把膜和支撑体均制成管状，使二者组合，或者将膜直接刮制在支撑管的内侧或外侧，将数根膜管组装在一起就构成了管式膜组件，与列管式换热器相类似，如图 3-11 所示。若膜刮在支撑管内侧，则为内压型，原料在管内流动；若膜刮在支撑管外侧，则为外压型，原料在管外流动。

管式膜组件料液流速可调范围大，浓差极化较易控制，流道畅通，压力损失小，易安装，易清洗，易拆换，工艺成熟，机械清除杂质比较容易。管式膜组件的不足之处是：单位体积膜面积小，设备体积大，装置成本高，管膜的制备条件较难控制，管口的密封也较困难。

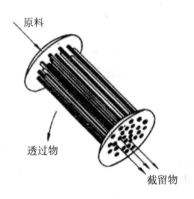

原料

透过物

截留物

图 3-11　管式膜组件

（2）板式膜组件

板框式膜组件采用平板膜，其结构与板框过滤机类似，用板框式膜组件进行海水淡化的装置如图 3-12 所示。在多孔支撑板两侧覆以平板膜，采用密封环和两个端板密封、压紧。海水从上部进入组件后，沿膜表面逐层流动，其中纯水透过膜到达膜的另一侧，经支撑板上的小孔汇集在边缘的导流管后排出，而未透过的浓缩咸水从下部排出。

平板式膜组件是最早商品化的膜组件，通常也称板框式膜组件，其优点是：结构紧凑坚固，能承受高压，性能稳定，制造组装简单，膜的更换、清洗、维护比较容易。缺点是：流态较差，易堵塞，不易清洗，容易造成浓差极化，对膜的机械强度要求比较高，需要密封的边界线长。

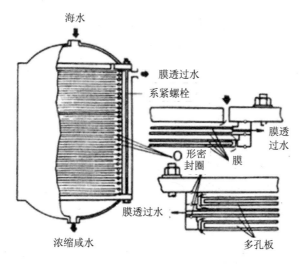

图 3-12　板式膜组件

（3）卷式膜组件

卷式膜组件也是采用平板膜，如图 3-13 所示。它是由中间为多孔支撑板、两侧是膜的"膜袋"装配而成，膜袋的三个边粘封，另一边与一根多孔中心管连接。组装时在膜袋上铺一层网状材料（隔网），绕中心管卷成柱状再放入压力容器内。原料进入组件后，在隔网中的流道沿平行于中心管方向流动，而透过物进入膜袋后旋转着沿螺旋方向流动，最后汇集在中心收集管中再排出。螺旋卷式膜组件结构紧凑，装填密度可达 830～1 660 m²/m³。缺点是制作工艺复杂、膜清洗困难。

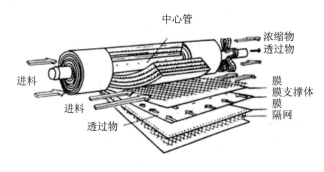

图 3-13　卷式膜组件

（4）中空纤维膜组件

将膜材料制成外径为 80～400 μm、内径为 40～100 μm 的空心管，即为中空纤维膜。将大量的中空纤维一端封死，另一端用环氧树脂浇注成管板，装在圆筒形压力容器中，就构成了中空纤维膜组件，也形如列管式换热器，如图 3-14 所示。大多数膜组件采用外压式，即高压原料在中空纤维膜外侧流过，透过物则进入中空纤维膜内侧。中空纤维膜组件装填密度极大（10 000～30 000 m^2/m^3），且不需外加支撑材料。

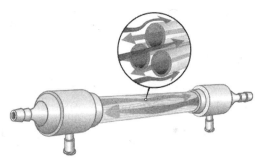

图 3-14　中空纤维膜组件

四种膜组件的特征、优点、缺点及应用领域见表3-6。

表3-6　四类膜组件的比较

组件类型	膜装填密度/（m²/m³）	优点	缺点
管式	33~330	1. 流动状态好，流速易控制； 2. 浓差极化较易控制； 3. 安装、拆卸、换膜、维修方便； 4. 流道畅通，压力损失小； 5. 对料液预处理要求不高； 6. 可以安装湍流促进器	1. 装填密度在各类组件中最小； 2. 设备和操作费用高，制造成本在各类组件中最高； 3. 制备条件较难控制，管口密封也比较困难
中空纤维式	16 000~30 000	1. 装填密度最大； 2. 单位膜面积的制造费用相对较低，不需外加支撑材料； 3. 耐压稳定性高（至少在外压情况下）	1. 制作工艺和技术复杂； 2. 易堵塞，不易清洗，对预处理要求高； 3. 在某些情况下纤维管中的压力损失较大
平板式	160~500	1. 制造组装比较简单，操作比较方便，膜的维护、清洗、更换； 2. 都比较容易； 3. 可更换单对膜片； 4. 平板膜无须黏合即可使用	1. 装填密度相对较小（<400 m²/m³）； 2. 支撑结构复杂，装置成本高； 3. 需要个别密封的数目多，密封边界线长； 4. 由于流体的流向转折而造成较大的压力损失
卷式	650~1 600	1. 结构简单，造价低廉； 2. 装填密度相对较高（<1 000 m²/m³）； 3. 安装、操作比较简便； 4. 由于有进料分隔板，物料交换效果良好	1. 渗透液流体流动路径较长； 2. 浓差极化不易控制； 3. 一旦污染难以清洗，对预处理要求高； 4. 膜必须是可以焊接的或者可以粘贴的； 5. 膜元件如有一处破损，将导致整个组件失效

3.3.3 膜过程

在污水再生利用领域,目前应用较多的是微滤(MF)、超滤(UF)、纳滤(NF)、反渗透(RO)等膜分离工艺。微滤适宜于截留 0.1~10 μm 的颗粒,能阻挡住悬浮物、细菌、部分病毒及大尺寸胶体,但不能阻挡大分子有机物和溶解性固体(无机盐)等。超滤适宜于截留 0.002~0.1 μm 的颗粒和杂质,能有效截留胶体、蛋白质、微生物和大分子有机物,但允许小分子物质和溶解性固体(无机盐)等通过。纳滤适宜于截留多价离子、部分一价离子和分子量大约为 200~1 000 Da 的有机物,对单价阴离子盐溶液的去除率低于高价盐离子盐溶液。反渗透允许水分子通过,适宜于截留溶解性盐及分子量大于 100 Da 的有机物,醋酸纤维素反渗透膜脱盐率大于 95%,反渗透复合膜脱盐率大于 98%。

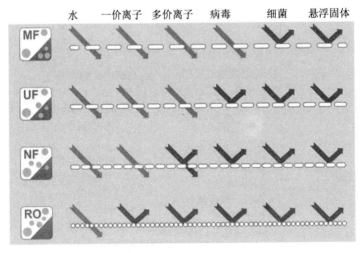

图 3-15　膜分离工艺性能对比

3.3.3.1 预处理

为保证膜分离过程的正常运行，提高膜系统效率，膜分离单元的进水水质需要满足一定要求，微滤和超滤系统的进水应符合表 3-7 的要求，纳滤和反渗透系统的进水应符合表 3-8 的要求。

表 3-7 微滤、超滤系统进水水质限值

项目	浊度/NTU	SS/(mg/L)	COD/(mg/L)	pH 值	余氯/(mg/L)
限值	≤5	≤20	≤50	2～10	≤5（可根据膜材料要求调整）

表 3-8 纳滤和反渗透系统的进水水质限值

项目	浊度/NTU	SDI	余氯/(mg/L)	Fe/(mg/L)	TOC/(mg/L)
限值	≤1	≤5	≤0.1（可根据膜材料要求调整）	≤4	≤3

当进水水质不满足膜的进水要求时，需要对进水进行预处理。预处理的主要目的是：① 去除悬浮固体、降低浊度；② 抑制和控制微溶盐的沉淀；③ 杀死和抑制微生物的水质；④ 调节和控制进水的 pH 值；⑤ 去除各种有机物；⑥防止铁、锰等金属氧化物和二氧化硅的沉淀。

预处理的方法包括物理法（沉淀或气浮、过滤、活性炭吸附等）、化学法（絮凝、氧化还原、pH 值调节）。要求的预处理程度取决于原水水质、膜材料、膜组件的结构、产水水质及回收率。

微滤和超滤膜对预处理的要求相对较低，但适当的预处理也是保证膜处理过程正常运行的关键。常用的预处理方法主要有：① 采用孔径为 $5\sim10\ \mu m$ 的过滤器去除料液中的悬浮物、铁锈；② 对于 $0.3\sim5\ \mu m$ 的微细颗粒和胶体，可采用微絮凝过滤、混凝沉淀+过滤的方式。常用的絮凝剂有铁盐、铝盐和阳离子聚合物，阳离子聚合物在低剂量下就有效果，且不明显增加过滤器介质的固体负荷，但它本身也是非常强的污染物，少量的阳离子聚合物就能堵塞膜且往往难以去除，当选用其作为过滤助剂时必须谨慎使用。

反渗透或者纳滤过程中，由于膜本身对于 pH 值、温度、特定的化学物质较敏感，同时为减少膜的污堵、结垢和膜降解，提高系统效能，实现系统产水量、脱盐率、回收率和运行费用的最优化，二级出水在进行反渗透或者纳滤装置之前一般需要进行预处理。常用的预处理目的和采取的方法包括：① 结垢控制，主要是通过加酸、加阻垢剂、离子交换、石灰软化等方法防止产生 $CaSO_4$、$CaCO_3$、SiO_2、CaF_2、$BaSO_4$、$SrSO_4$ 和 $Ca_3(PO_4)_2$ 沉淀或者污垢；② 预防胶体和颗粒污堵，主要通过介质过滤、滤芯式过滤、氧化+过滤等方式去除污水中的颗粒、悬浮物、胶体、二价铁和锰，使进入反渗透或者纳滤膜的进水 SDI 达到要求；③ 预防微生物污染，主要通过加氯、投加硫酸铜等杀菌剂、臭氧消毒、紫外线消毒、微滤或者超滤等方式防止膜产生微生物污染；④ 预防有机物污染。主要通过混凝、沉淀、微滤、超滤、活性炭吸附等方式去除污水中的有机物，防止有机物在膜表面上的吸附，造成膜通量下降。

近年来，以微滤/超滤技术为主的反渗透预处理系统日益受到重视，与其他处理工艺相比，微滤/超滤预处理的优点是：① 去除范围宽，可连续操作，性能优良、出水水质好；② 对高压泵和反渗透的保护性好；③ 少用或者不用药剂，物理消毒安全；④ 可以延长反渗透系统的使用寿命，系统自动化控制程度高，可以降低劳动强度及运行成本。

反渗透及纳滤膜结垢和污堵预防措施一览表见表 3-9（陶氏手册，科式手册）。

表 3-9　反渗透及纳滤膜结垢和污堵预防措施一览表

预处理	$CaCO_3$	$CaSO_4$	$BaSO_4$	$SrSO_4$	CaF_2	SiO_2	SDI	Fe	Al	细菌	氧化剂	有机物
加酸	√					○						
投加阻垢剂	√	√	√	√	√	○						
加氯处理										√		
脱氯处理											√	
离子交换软化	√	√	√	√	√			○	○			
石灰软化	○	○	○	○	○	○	○	○				○
多介质过滤						○	○	○	○			
氧化过滤							○	√				
活性炭过滤										○	√	√
滤芯式过滤						○	○	○	○			
微滤						○	√	○	○	√		√
超滤							√	√	○	○	√		√
紫外线处理										○	○	○

注：√——非常有效；○——部分或者可能有效。

3.3.3.2 微滤（MF）

在污水再生利用中，微滤主要用于替代普通过滤降低水的浊度，去除剩余的悬浮固体、细菌、原生动物、强化出水的消毒效果，微滤也作为纳滤和反渗透工艺的预处理工艺。微滤在国内外很多污水回用工程中都得到了广泛应用，例如新加坡生产饮用水补充水源的勿洛水厂、克兰芝水厂、樟宜水厂等新水厂，美国21世纪水厂、天津经济技术开发区污水再生回用工程、天津纪庄子污水再生利用工程等。

微孔过滤膜的主要特征为：

① 孔径均匀，过滤精度高。微滤膜的孔径比较均匀，其最大孔径与平均孔径之比一般为3～4，孔径基本呈正态分布。因此，经常被作为起保证作用的手段，过滤精度高，可靠性强。

② 孔隙率高。微孔过滤膜的孔隙率高达80%左右，因此过滤通量大，过滤所需的时间短。

③ 滤膜薄。大部分微滤膜的厚度在150 μm左右，与普通深层过滤介质相比，只有它们的1/10厚，甚至更小，所以过滤时液体被滤膜吸附而造成的损失很小。

微滤膜的材质分为有机和无机两大类，有机聚合物有醋酸纤维素、聚丙烯、聚碳酸酯、聚砜、聚酰胺等，无机膜材料有陶瓷和金属等。目前在污水再生利用工程中，采用较多的是连续微滤（CMF）工艺或者浸没式微滤膜（CMF-S）工艺。

（1）CMF

连续微过滤是以高抗污染性中空纤维膜为中心处理单元的膜过滤技术。特殊设计的高效自动控制清洗系统可以实现对中空纤维膜的不停机在线清洗，从而做到对料液不间断连续处理，保证生产的高效、连续进行。CMF 工艺的核心是高性能抗污染的膜组件以及与之相配合的膜清洗技术。另外，CMF 系统是模块式设计，易于增容，膜柱中的子模块和附属模块可以进行更换、隔离、修补。因此，即使膜有损坏也可以及时修补，不影响整个系统的正常进行。

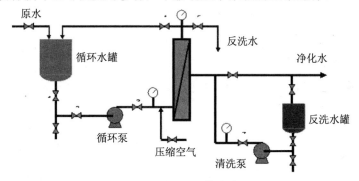

图 3-16　CMF 工艺流程图

CMF 工艺具有如下特点：

- 设备控制简单，系统可自动运行；
- 占地面积小、结构紧凑，模块化设计可根据用户需求灵活地扩大或缩小，设备造价低；
- 高抗污染的聚偏氟乙烯（PVDF）膜材料，使用寿命长；
- 独特的在线气水双洗方法，优异的膜通量恢复率；
- 原水预处理要求简单，使用低压压缩空气，运行费用低廉；
- 可采用氯、臭氧等常用氧化性清洗剂进行系统清洗；
- 产水水质高：浊度≤0.1NTU，SDI≤3，悬浮物＜5 mg/L；
- 水回收率高，大于 95%。

（2）CMF-S

近年来浸没式连续微滤膜过滤系统在污水再生利用工程中应用

较多。该工艺是将微滤膜元件浸没在开放式水槽中，利用泵的抽吸作用使滤液透过膜面，将透过液从膜元件中抽出的新的操作方式。与正压式过滤相比，浸没式膜过滤操作压力更低，能耗也较低。

3.3.3.3　超滤（UF）

在污水再生利用中，超滤膜主要用于去除高分子量组分，如胶体物、蛋白质、碳水化合物等，超滤膜不能去除糖和盐类。超滤是介于微滤和纳滤之间的一种膜过程，以膜两侧的压力差为驱动力，以超滤膜为过滤介质，在一定的压力下，当水流过膜表面时，只允许水及比膜孔径小的小分子物质通过，达到溶液的净化、分离、浓缩的目的。

对于超滤而言，膜的截留特性是以对标准有机物的截留分子量来表征的，通常截留分子量范围在 1 000～300 000，主要截留大分子有机物（如蛋白质、细菌）、胶体、悬浮固体等。

目前常用的超滤膜多为不对称膜，由致密的皮层和多孔支撑层构成。皮层的厚度约为 0.1～0.25 μm，多孔支撑层的厚度约 100 μm。而多孔支撑层在靠近皮层部分是具有微细孔结构的过渡层，最下层是具有较大孔径的支撑层。

超滤膜材料多采用聚砜（PS）、聚醚砜（PES）、聚丙烯腈（PAN）、聚乙烯（PE）、聚丙烯（PP）、聚偏氟乙烯（PVDF）、聚氯乙烯（PVC）等。

3.3.3.4　纳滤（NF）

纳滤是介于超滤与反渗透之间的一种膜分离技术，其截留分子量在 80～1 000 的范围内，孔径为几纳米，因此称纳滤。基于纳滤分离技术的优越特性，其在制药、生物化工、食品工业等诸多领域显示出广阔的应用前景。

对于纳滤而言，膜的截留特性是以对标准 NaCl、MgSO$_4$、CaCl$_2$ 溶液的截留率来表征，通常截留率范围在 60%~90%，相应截留分子量范围在 100~1 000，故纳滤膜能对小分子有机物等与水、无机盐进行分离，实现脱盐与浓缩的同时进行。

制作纳滤膜的主要材料包括醋酸纤维素（CA）、醋酸纤维素-三醋酸纤维素（CA-CTA）、磺化聚砜（S-PS）、磺化聚醚砜（S-PES）和芳香族聚酰胺复合材料及无机材料等，目前应用最广的是芳香聚酰胺复合材料。与反渗透膜一样，纳滤膜组件的主要形式有卷式、中空纤维式、管式及板框式。

与反渗透膜相比，纳滤膜具有下列特点：① 与反渗透膜相类似，绝大多数是复合型膜；② 即使在高盐浓度和低压条件下也具有高的膜通量；③ 纳滤膜截留有机物的分子量大约为 200~400，截留溶解性盐的能力为 20%~98%，对单价阴离子盐溶液的脱盐率低于高价阴离子盐溶液。

3.3.3.5　反渗透（RO）

利用反渗透膜只能透过溶剂（通常是水）而截留离子物质或小分子物质的选择透过性，以膜两侧静压为推动力而实现对液体混合物分离的膜过程。反渗透是膜分离技术的一个重要组成部分，因具有产水水质高、无污染、操作方便运行可靠等诸多优点。在污水再生利用中，反渗透主要用于去除胶体物、溶解性有机物质、溶解盐类、金属离子、微生物、病毒等。一般经过反渗透处理的出水水质较好，可以满足用户对高品质再生水的需求。

目前应用的反渗透膜可分为非对称膜和复合膜两类，前者主要以醋酸纤维素和芳香族聚酰胺为膜材料，后者支撑体多为聚砜多孔膜，超薄皮层的膜材料为有机含氮芳香族聚合物。

反渗透膜组件早期多采用平板式和管式，存在的问题主要是膜填充密度低、造价高、难规模化生产等，仅用于小批量的浓缩分离等方面。卷式和中空纤维式组件由于其填充密度高、易规模化生产、造价低、可大规模应用等特点，是目前反渗透的主要膜组件形式。

3.3.4 膜生物反应器（MBR）

3.3.4.1 概述

在污水处理与再生利用领域，膜生物反应器（Membrane Bio-Reactor，MBR）是一种由膜分离单元与生物处理单元相结合的新型水处理技术——利用生物反应对污水中有机物进行生物降解，利用膜作为分离介质替代常规重力沉淀进行固液分离获得优质而稳定的出水，并能改变反应进程和提高反应效率的污水处理方法。

目前在 MBR 中使用的膜一般为微滤膜或超滤膜，从材料上分类包括有机高分子膜和无机膜。基于膜的用途不同，MBR 工艺可以分为固液分离 MBR、无泡曝气 MBR 和萃取 MBR 三类。本节主要讨论固液分离 MBR。

3.3.4.2 工艺特征

与二级生物处理工艺相比，MBR 具有以下主要特征：

（1）出水水质优质稳定。由于膜的高效分离作用，分离效果远好于传统沉淀池。同时，膜分离也使微生物被完全截流在生物反应器内，使得系统内能够维持较高的微生物浓度，不但提高了反应装置对污染物的整体去除效率，保证了良好的出水水质，同时反应器对进水负荷（水质及水量）的各种变化具有很好的适应性，耐冲击负荷，能够稳定获得优质的出水水质。

（2）剩余污泥产量少。该工艺可以在高容积负荷、低污泥负荷下运行，剩余污泥产量低（理论上可以实现零污泥排放），降低了污泥处理费用。

（3）处理装置容积负荷高，占地面积小。生物反应器内能维持高浓度的微生物量，处理装置容积负荷高；该工艺流程简单、结构紧凑、占地面积省，不受设置场所限制，可做成地面式、半地下式和地下式。

（4）可去除氨氮及难降解有机物。由于微生物被完全截流在生物反应器内，从而有利于增殖缓慢的微生物如硝化细菌的截留生长，系统硝化效率得以提高。同时，可增长一些难降解的有机物在系统中的水力停留时间，有利于难降解有机物降解效率的提高。

（5）操作管理方便，易于实现自动控制。该工艺实现了水力停留时间（HRT）与污泥停留时间（SRT）的完全分离，运行控制更加灵活稳定，是污水处理中容易实现装备化的新技术，可实现微机自动控制，从而使操作管理更为方便。

（6）易于从传统工艺进行改造。该工艺可以作为传统污水处理工艺的深度处理单元，在城市二级污水处理厂出水深度处理（从而实现城市污水的大量回用）等领域有着广阔的应用前景。

MBR 工艺的典型运转和性能数据见表 3-10。

表 3-10 MBR 的典型运转和性能数据

运转参数	单位	范围	性能参数	单位	范围
COD 负荷	kg/m³·d	1.2~3.2	出水 BOD$_5$	mg/L	<5
MLSS	mg/L	5 000~20 000	出水 COD	mg/L	<30
MLVSS	mg/L	4 000~16 000	出水 NH$_3$-N	mg/L	<1
F/M	gCOD/g MLVSS·d	0.1~0.4	出水 TN	mg/L	<10
SRT	d	5~20	出水浊度	NTU	<1
水力停留时间 τ	h	4~6			
膜通量	L/m²·h	15~40（淹没式） 40~80（外置式）			
过膜压差	kPa	0~50（淹没式） 20~500 （外置式）			
DO	mg/L	0.5~1.0			

然而，膜生物反应器也存在一些不足。主要表现在以下几个方面：

（1）容易出现膜污染，操作管理不便。膜污染限制了膜通量，并且对清洗要求较高。另外，MBR 系统的高微生物浓度也可能会带来曝气问题，大部分的供气被用来维持细胞的生命而不是用来进行好氧降解。在浸没式系统中，曝气还用于对膜表面进行冲刷。当污泥浓度超过 25 g/L 时，污泥的黏度就会变得相当大，这时曝气和混合就变成工艺的限制因素。

（2）基建高，能耗高。膜生物反应器的基建投资高于传统污水处理工艺，同时 MBR 的运营费用也高。① MBR 泥水分离过程必须保持一定的膜驱动压力；② MBR 池中 MLSS 浓度非常高，要保持足够的传氧速率，必须加大曝气强度；③ 为了加大膜通量、减轻膜污染，必须增大流速，冲刷膜表面，造成 MBR 的能耗要比传统的生物处理工艺高。

3.3.4.3　MBR 主要工艺类型

根据膜组件和生物反应器的组合方式，可将膜生物反应器分为外置式、浸没式以及复合式三种基本类型。早期 MBR 多为外置式，近 30 年来，为解决外置式工艺高能耗的缺点，逐步开发了浸没式工艺。随着 MBR 工艺与其他工艺的结合，一些新的形式如复合式 MBR 也逐步得到应用。

（1）外置式 MBR

外置式 MBR 把膜组件和生物反应器分开设置。生物反应器中的混合液经循环泵增压后打至膜组件的过滤端，在压力作用下混合液中的液体透过膜成为系统处理水；固形物、大分子物质等则被膜截留，随浓缩液回流到生物反应器内。外置式 MBR 的特点是运行稳定可靠，易于膜的清洗、更换及增设，而且膜通量普遍较大。但一般条件下为减少污染物在膜表面的沉积，延长膜的清洗周期，需要用循环泵提供较高的膜面错流流速，水流循环量大、动力费用高，并且泵的高速旋转产生的剪切力会使某些微生物菌体产生失活现象。

外置式 MBR 比较适合处理难生物降解、高有机物浓度以及有毒的污水，在工业废水处理中应用较多，但其动力费用过高，每吨出水的能耗为 2～10 kW·h，是传统活性污泥法能耗的 10～20 倍。因此，能耗较低的一体式膜生物反应器的研究逐渐得到了人们的重视。

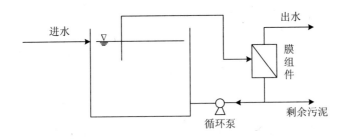

图 3-17　外置式 MBR 工艺流程示意图

（2）浸没式 MBR

浸没式 MBR 是把膜组件置于生物反应器内部。进水进入 MBR，其中的大部分污染物被混合液中的活性污泥去除，再在外压作用下由膜过滤出水。这种形式的膜生物反应器由于省去了混合液循环系统，并且靠抽吸出水，能耗相对较低；占地较分置式更为紧凑，近年来在水处理领域受到了特别关注。但是一般膜通量相对较低，容易发生膜污染，膜污染后不容易清洗和更换。

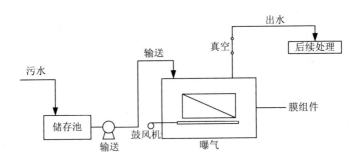

图 3-18　浸没式 MBR 工艺流程示意图

（3）复合式 MBR

复合式 MBR 在形式上也属于一体式 MBR，所不同的是在生物反应器内加装填料，从而形成复合式 MBR，改变了反应器的某些性状，如图 3-19 所示。

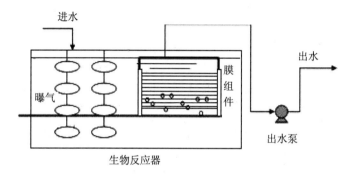

图 3-19　复合式 MBR 工艺流程示意图

在复合式 MBR 中，附着生长的生物膜和悬浮生长的活性污泥同时存在，二者发挥各自的优势，共同承担去除污染物的作用，使得出水水质得以提升，出水氨氮浓度低于普通一体式 MBR。同时，因生物载体的介入而形成的生物膜具有多层结构，从外至内因氧传递阻力增加而形成氧浓度梯度，进而构成外层以好氧为主、内层以缺氧或者厌氧为主的微环境，有利于提高系统的生物脱氮除磷能力。另外，复合式 MBR 中微生物群落结构多样化，生物的食物链长，可以有效改善污泥性状，降低反应器中悬浮性活性污泥浓度，减缓膜过滤阻力的上升和膜堵塞，保证较高的膜通量。

3.3.5　小结

与传统的砂滤和表面过滤技术相比，应用微滤和超滤的主要目的是为了追求更高的出水水质，其应用重点不在于 BOD、COD、悬浮物、氮、磷等物质的去除，而是更强调对微生物、大分子有机污染物的去除。而且微滤和超滤过滤所需的占地面积较小，化学消耗量也较少。

但是，微滤和超滤同样存在缺点，其投资和能耗都比较高，为防止膜污染需要设置预处理，预处理设施无疑会增加占地和投资费用。膜污染问题从工艺刚投入运行就存在了，严重的膜污染甚至会影响出水水质，这些不利之处在选择时应该充分考虑到。微滤主要是用于降低浊度和去除一些胶体型的悬浮物，超滤的去除效果较微滤更好，但运行的压力也更高。

微滤和超滤的另一个重要用途是作为 RO 工艺的前处理，这种双膜工艺在世界各地的应用工程越来越多。澳大利亚悉尼的奥林匹克工艺回用水项目的水来自一座处理规模为 2 000 m^3/d 的污水处理厂，工艺是 SBR+UV+MF+RO。其中微滤的最大处理能力为 7 500 m^3/d，微滤出水的30%的再生水又经过了 RO 工艺，出水 TDS（全盐量，指水中溶解性无机物的含量）低于 500 mg/L。

MBR 技术对于北京出水水质要求高且回用的场合非常合适，良好的设计和优化运行可以确保 MBR 的出水水质稳定达标。在土地资源稀缺的北京，MBR 占地面积小很符合这方面的要求。但 MBR 目前仍存在如下一些挑战：① MBR 可以保证水质，但不能保证水量，因此对于水量波动较大的污水处理厂难以适应；② MBR 运行和投资运行费用较高，且没有规模化效应，对于大型污水处理厂来说，传统的三级工艺（砂滤、滤布滤池、膜过滤）比 MBR 具有更强的竞争力；③ MBR 是一种较新的技术，各方面运行经验还不丰富，而且各种膜组件的性能还需要进一步验证和评价。综上所述，大型再生水厂应用 MBR 工艺应该格外慎重。

表 3-11　膜分离工艺分类及基本特征

膜工艺	简图	膜类型	推动力	典型分离机理	操作结构(孔尺寸)	典型操作范围/μm	膜通量/(L/m²·d)	渗透物	截留物
微滤 (MF)		对称和不对称多孔膜	压力差 (7~100 kPa)	筛分	大孔 (>50 nm)	0.08~2.0	405~1 600	水、溶剂溶解物	悬浮物、颗粒、纤维、原生动物囊孢、部分细菌和病毒
超滤 (UF)		不对称结构的多孔膜	压力差 (70~700 kPa)	筛分	中孔 (2~50 nm)	0.005~2.0	405~815	水、溶剂、小分子	大分子、胶体、大多数细菌、某些病毒、蛋白质

膜工艺	简图	膜类型	推动力	典型分离机理	操作结构(孔尺寸)	典型操作范围/μm	膜通量/(L/m²·d)	渗透物	截留物
纳滤(NF)		致密不对称膜和复合膜	压力差(500~1 000 kPa)	筛分+溶解/扩散+排斥	微孔(<2 nm)	0.001~0.01	200~815	水、极小分子、离子化溶质	小分子、某些硬度、病毒
反渗透(RO)		致密不对称膜和复合膜	压力差(850~7 000 kPa)	溶解/扩散+排斥	致密孔(<2 nm)	0.000 1~0.001	320~490	水、极小分子、离子化溶质	极小分子、色度、硬度、硫酸盐、硝酸盐、钠、其他离子

3.4　消毒工艺

生活污水和某些工业废水中不但存在着大量细菌，并常含有病毒、阿米巴孢囊等，它们通过一般的污水处理过程还不能被灭绝。城市污水处理系统中普通生物滤池只能除去大肠杆菌 80%～90%，活性污泥法也只能除去 90%～95%。为了防止疾病的传播，污水（废水）一般经生化二级处理后仍需要进行消毒处理。目前污水处理的消毒方式主要有氯消毒、二氧化氯消毒、紫外线消毒、臭氧消毒等。

3.4.1　液氯消毒

3.4.1.1　概述

氯气是一种黄绿色带有刺激性臭味的有毒气体，它能溶于水；在干燥的情况下，氯气很难与铁反应，故采用钢材容器运送和盛装液氯。氯气有剧毒，有强烈的刺激性臭味和腐蚀性，特别是对呼吸器官有刺激作用，刺激黏膜，导致眼睛流泪，使眼、鼻、咽部有烧灼、刺痛和窒息感，吸入后可引起恶心、呕吐、上腹痛、腹泻等症状。氯是非常活泼的元素，具有强氧化性，可与绝大多数的元素或者化合物进行化学反应。

氯气在空气中是聚集在下层，常压下在-34.03℃时或者在 20℃与 577.6 kPa（5.7 atm）压力下变为液体。氯气在常温常压下呈黄绿色有毒气体，原子量 35.45，分子式 Cl_2，分子量 70.9，比重 2.486。

每升液氯汽化时吸热 68 千卡[①]。0℃时 1 L 液氯重 1.468 kg，当液氯汽化时 1 L 液氯生成 463 L 氯气，即 1kg 液氯生成 315 升氯气。实际上，氯气杀菌机理非常简单，它主要是溶于水中产生了次氯酸（HClO）。次氯酸是很小的中性分子，它能扩散到带负电的细菌表面，并穿透至细菌内部，氧化和破坏微生物外膜或酶的蛋白质的结构功能，从而使微生物死亡。反应式如下：

$$Cl_2+H_2O \qquad HClO+H^++Cl^- \qquad (3\text{-}1)$$

$$HClO \qquad ClO^-+H^+ \qquad (3\text{-}2)$$

次氯酸在水中的离解与氢离子浓度有密切的关系。在 pH 小于 5 时，水中主要以次氯酸的形式存在，在 pH 大于 10 时，在水中以次氯酸根的形式存在。水中的 HClO、ClO⁻ 总量称为游离有效氯，这两者的比例非常重要，因为 HClO 的消毒效率是 ClO⁻ 的 40～80 倍。

式中的次氯酸根离子 ClO⁻ 也具有氧化性，但由于其本身带有负电荷，不能靠近也带负电荷的细菌，所以基本上无消毒作用。当污水的 pH 较高时，式（3-2）中的化学平衡会向右移动，水中次氯酸浓度降低，消毒效果减弱。因此，pH 是影响消毒效果的一个重要因素。pH 越低，消毒效果越好。实际运行中，一般应控制 pH<7.4，以保证消毒效果，否则应该加酸使 pH 降低。除 pH 以外，温度对消毒效果的影响也很大。温度越高，消毒效果越好，反之越差，其主要原因是温度升高能促进次氯酸向细胞内的扩散。

游离氯与水中的氨反应形成系列氯胺化合物，主要包括一氯胺、二氯胺和三氯化氮，虽然氯胺不及游离氯破坏细菌和病毒效果的 5%，但水中的氯胺可以少量水解而形成次氯酸，它们在消毒中仍起

---

① 1 千卡=4.186 8 kJ。

着重要作用，因为它们相当稳定而且能在投氯后一段时间内继续起到消毒作用。当水中所含的氯以氯胺形式存在时，称为化合性氯，其消毒效果虽不及自由性氯（Cl_2、$HClO$ 与 ClO^-），但其持续消毒效果优于自由性氯。

然而，液氯作为消毒剂存在以下问题：

（1）消毒副产物具有致畸致癌作用。氯气消毒时，常与水中的有机物作用发生一系列取代反应，产生三氯乙烷、卤乙酸、卤代腈等 50 种以上有致癌致畸作用的有机氯衍生物，可能对人体健康和生态环境带来不利影响。

（2）长期使用氯，细菌可能产生抗药性，使氯气的用量逐渐增加，其副作用越来越明显。

（3）氯气水解形成盐酸、氯与氨反应都会降低水的碱度，投加氯也会增加水中的总溶解固体，出水中含有余氯可能对水生生物有毒。

（4）氯是剧毒物质，储存、运输中要求严格，对处理厂操作人员有潜在的危险，如果由于事故泄漏，对一般公众也有危险，目前对液氯使用的审批越来越严格，必须做好相关安全检查及应急预案。

3.4.1.2 液氯投加

目前常用加氯系统包括加氯机、接触池、混合设备以及氯瓶等部分，如图 3-20 所示。加氯机有很多种类和形式，如转子加氯机、真空加氯机和随动式加氯机等。转子加氯机主要由旋风分离器、弹簧膜阀、转子流量计、中转玻璃筒以及平衡水箱和水射器等部分组成。液氯自钢瓶进入分离器，将其中的一些悬浮杂质分离出去，然后经弹簧膜阀和流量计进入中转玻璃筒。在中转玻璃筒内，氯气和水初步混合,然后经水射器进入污水管道内。弹簧膜片系一定压减压阀门,当压力低于1 atm时能自动关闭,同时还能起到稳压的作用。中转玻璃罩的作用是缓冲稳定加氯量以及防止压力倒流,同时便于观察加氯机工况。平衡水箱可稳定中转玻璃罩内水量,当氯气用完后,可破坏罩内真空,防止污水倒流。水射器的作用是负压抽取氯气,使之与污水混合。

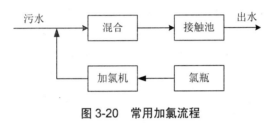

图3-20 常用加氯流程

将氯加入污水以后,应使之尽快与污水均匀混合,发挥消毒作用,常采用管道混合方式;当流速较小时,应采用静态管道混合器;当有提升泵时,可在泵前加氯,用泵混合。接触池的作用是使氯与污水有较充足的接触时间,保证消毒作用的发挥。在污水深度处理中,可考虑在滤池前加药,用滤池作为接触池,但加氯量较滤池后加氯量要高。

3.4.1.3 影响因素

影响氯消毒效果的因素主要包括:初始混合的效果、污水水质、污水中的颗粒物、微生物特性等。例如,在高度紊流状态下投加氯,比在常规快速混合反应池中相同条件下投氯的杀菌效果要高出两个数量级。污水中常见的污染物组分对氯消毒效果的影响见表3-12。

表 3-12　污水中污染组分对液氯消毒的影响

组分	影响
BOD_5、COD、TOC 等	组成 BOD_5 及 COD 的有机化合物要求一定的余氯量，干扰的程度取决于其功能团及化学结构
油、脂	消耗氯
TSS	屏蔽包埋细菌
腐殖物质	形成以余氯计量的氯化有机物，但无消毒作用，从而降低了氯的有效性
碱度	无影响或者影响不大
硬度	无影响或者影响不大
氨	以氯结合形成氯胺
亚硝酸盐	被氯氧化，形成消毒副产物 N-亚硝基二甲胺（NDMA）
二价铁	消耗氯
锰（还原态）	消耗氯
pH	影响 HClO 和 ClO⁻ 的比例，从而影响消毒效果

另外，污水中微生物的类型、特性和龄期对消毒效果都有影响，如对于幼龄细菌（龄期为 1 d 或者小于 1 d），加 2 mg/L 剂量氯时，只需 1 min 即可使细菌数降低很多，当细菌培养到 10 d 或者 10 d 以上时，投加同样剂量需要 30 min 才能达到相当的灭活水平。

3.4.1.4　储存和运输安全

氯是一种剧毒气体，空气中氯气浓度为 1×10^{-6}（百万分之一）时，人体即会产生反应。空气中的氯气为 15×10^{-6} 时，即可危及人的生命。因此，在运行管理中应特别注意用氯安全。

氯瓶入库前应检查是否漏氯，并做必要的外观检查。检漏方法是用 10%的氨水对准可能漏氯部位数分钟。如果漏氯，会在周围形成白色烟雾（氯与氨生成的氯化铵晶体微粒）。外观检查包括瓶壁是否有裂缝、鼓疤或变形。有硬伤、局部片状腐蚀或密集斑点腐蚀时，应认真研究是否需要报废。

加氯间应设有完善的通风系统，并时刻保持正常通风，每小时换气量一般应在 10 次以上，且应在最显著、最方便的位置放置灭火工具及防毒面具。加氯间内应设置碱液池，并时刻保证池内碱液有效。当发现氯瓶严重泄漏时，应先带好防毒面具，然后立即将泄漏的氯瓶放入碱液池中。

目前氯吸收装置多采用碱液吸收，装置内装有氢氧化钠溶液，氯与氢氧化钠发生反应后，生成较为稳定的次氯酸钠、氯化钠和水。目前也有供货商的漏氯吸收装置采用氯化铁溶液，与氯反应后生成氯化铁，含有氯化铁的吸收液经过铁还原后可以再生，无须更换，特别适用于有稳定的氯化亚铁溶液来源的场合。

3.4.2 二氧化氯

3.4.2.1 概述

二氧化氯（ClO_2）是国际上公认的广谱高效的氧化性杀菌剂，在城镇饮用水、工业循环水和污水处理中日益得到广泛应用。二氧化氯性质不稳定，只能采用二氧化氯发生器现场制备。用于水处理领域的小型化学法二氧化氯发生器主要有两种：以氯酸钠、盐酸为原料的复合型二氧化氯发生器和以亚氯酸钠、盐酸为原料的纯二氧化氯发生器，其中前者应用最为广泛。

稳定的二氧化氯是淡黄色或无色无刺激性透明水溶液，很少挥发，溶解度为 2.9 g/L，比氯气大 5 倍，不易燃，不易分解，性质稳定。有效氯含量 263%，理论上可以杀灭一切微生物，包括细菌繁殖体、细胞芽孢、真菌、分枝杆菌和病毒等，能有效地破坏水中的微量有机物污染物，如笨并芘蒽醌、氯仿、四氯化碳、酚、氯酚、氰化物、硫化氢及有机硫化物等，能很好地氧化水中一些还原状态的金属离子如 Fe^{2+}、Mn^{2+}、Ni^{2+} 等，除色除味。

一般认为二氧化氯的消毒机理为：二氧化氯的杀菌主要是吸附和渗透作用，大量二氧化氯分子聚焦在细胞周围，通过封锁作用，抑制其呼吸系统，进而渗透到细胞内部，以其强氧化能力有效氧化菌类细胞赖以生存的含硫基的酶，从而快速抑制微生物蛋白质的合成来破坏微生物。

3.4.2.2 工艺特点

二氧化氯消毒的优点如下：

（1）消毒效果好。二氧化氯中的氯以正四价态存在，其有效氯含量是氯气的 2.6 倍。二氧化氯具有广谱杀菌作用，除对一般的细菌有杀灭作用之外，对大肠杆菌、异养菌、铁细菌、硫酸盐还原菌、脊髓灰质炎病毒、肝炎病毒、兰伯氏贾第虫孢囊等也有很好的杀灭作用。二氧化氯的消毒能力次于臭氧而高于氯，与臭氧相比，其优越之处在于它有持续的消毒效果。

（2）持续时间长。和氯气相比，二氧化氯低剂量便可以达到高效，杀菌持续时间长，24 h 后仍可保持 86.4%的杀菌效果，可以保证输配水管网的无菌状态。

（3）消毒效果受 pH 影响小。与氯不同，二氧化氯的一个重要特点是在碱性条件下仍具有很好的杀菌能力。实践证明，在 pH=6～10 范围内二氧化氯的杀菌效率几乎不受 pH 影响。

（4）二氧化氯不与氨氮反应，因此在高 pH、氨含量较高的系统中可以发挥极好的杀菌作用。

（5）二氧化氯不会与有机物反应产生三卤甲烷、卤乙酸等副产物，其 Ames 试验和小鼠骨髓嗜多染红细胞微核试验均呈阴性结果，与氯消毒相比，二氧化氯能降低致突变活性。

虽然二氧化氯消毒不会形成三卤甲烷、卤乙酸等氯消毒引起的消毒副产物，但二氧化氯也会产生其他的消毒副产物如亚氯酸离子（ClO_2^-）和氯酸根离子（ClO_3^-），亚氯酸离子与形成变性血红素有关，因而多数欧洲国家对投加二氧化氯的剂量有限制。

3.4.2.3 复合二氧化氯发生器

复合二氧化氯发生器以氯酸钠和盐酸制备，以二氧化氯为主、氯气为辅的混合气体。反应如下：

$$NaClO_3 + 2HCl \rightarrow ClO_2 + \frac{1}{2}Cl_2 + NaCl + H_2O$$

该反应的最佳温度为 70℃，反应器采用耐温、耐腐蚀材料制造。反应生成的二氧化氯和氯气混合气体通过水射器投加到被处理水中。其杀菌机理表现为：与微生物接触时，吸附细胞壁并予以穿透，来氧化微生物赖以生存的细胞内的酶，并通过阻止蛋白质的合成过程，破坏其细胞的外层膜，抑制其呼吸作用来杀灭微生物。

与纯二氧化氯发生器相比，复合二氧化氯发生器主要有以下特点：

（1）运行成本低。复合二氧化氯发生器生产二氧化氯的成本约为采用亚氯酸钠为原料的纯二氧化氯发生器成本的 1/3。

（2）使用安全可靠。复合二氧化氯发生器一般采用负压方式，设备运行安全。另外，复合二氧化氯发生器采用氯酸钠为原料，氯酸钠在使用当中比亚氯酸钠要安全得多。亚氯酸钠属强氧化剂，性质活泼，与木屑、有机物、尘埃、磷、炭、硫等接触、碰撞或摩擦容易爆炸或燃烧，水溶液浓度超过 30%也容易发生爆炸，储存和运输要求严格，包装需用金属桶，以防静电，使用时要轻拿轻放，不能与皮肤直接接触，国内曾发生过多次亚氯酸钠爆炸事故，相对较危险。

（3）水中残留亚氯酸根量少。采用亚氯酸钠为原料的纯二氧化氯发生器在处理后水中亚氯酸根残留量较高，由于亚氯酸根对人体红细胞有损害作用，因此在国外给水或排水中亚氯酸根的含量受到严格限制。国内新修订的饮用水标准中要求亚氯酸根残留量低于 0.2 mg/L。

（4）消毒效果好。抑制处理后水中三卤甲烷等氯化致癌物的生成。二氧化氯同氯气混合使用时，具有协同消毒作用，二氧化氯较氯气活泼，优先于氯气与有机物发生氧化分解反应，可有效抑制处理后水中三卤甲烷等氯化致癌物的生成。

复合二氧化氯发生器用于中水回用，不仅能达到消毒的目的，其产生的复合气体还能氧化去除水中有机物和还原性无机污染物，某些废水处理试验表明，该复合气体比纯二氧化氯或氯气对 COD 和色度的去除效果更好。复合二氧化氯发生器用于消毒时，消毒剂投加点一般在滤后，有效氯投加量一般为 3～5 mg/L；用脱色或降低 COD 时，该复合气体投加在硫酸铝等混凝剂投加点之前效果较好，投加量应根据水质由试验确定。

3.4.2.4　储存和运输安全

使用氯酸钠和盐酸制备二氧化氯时应注意储存与运输安全。

氯酸钠应置于通风、阴凉干燥的库房中存放，不可与还原性物质、酸、有机物共存、共运。运输时应防晒、防雨淋、防撞击，不得与酸、还原剂、有机物同车运输。接触和使用盐酸特别是浓盐酸时，应穿戴规定的防护用具，保护眼睛和皮肤。使用时应采取密闭措施防止氧化氢气体逸出而污染大气和进入人体内。储运时，应防止容器破损而导致盐酸或其蒸汽外逸。

3.4.3　紫外线消毒

3.4.3.1　概述

紫外线是一种波长范围为 136～390 nm 的不可见光线，在波长为 240～280 nm 时具有杀菌作用，尤以波长 253.7 nm 处杀菌能力最强。根据生物效应的不同，将紫外线按照波长划分为四个部分：A 波段（UV—A），又称为黑斑效应紫外线（400～320 nm）；B 波段（UV—B），又称为红斑效应紫外线（320～275 nm）；C 波段（UV—C），又称为灭菌紫外线（275～200 nm）；D 波段（UV—D），又称为真空紫外线（200～10 nm）。水消毒主要采用的是 C 波段紫外线。

紫外线消毒的原理是基于核酸对紫外线的吸收，核酸是一切生命体的基本物质和生命基础，核酸分为核糖核酸（RNA）和脱氧核糖核酸（DNA）两大类，这两种核酸对波长为 254 nm 左右的光波具有最大的吸收作用。当病原微生物吸收波长在 200～280 nm 的紫外线能量后，DNA 和 RNA 的分子结构受到破坏，不再分裂繁殖，达到消毒杀菌的目的。

3.4.3.2　工艺特点

紫外线消毒方法的优点如下：

（1）对致病微生物有广谱消毒效果、消毒效率高。紫外线对几乎所有的细菌、病毒都能高效率杀灭，对氯气或者臭氧无法或者不能有效杀灭的寄生虫如贾第虫、隐孢子虫卵囊都能在较低的 UV 剂量条件下有效杀灭。

（2）由于紫外线消毒不需要投加化学药剂，因此不会对水体和周围环境产生二次污染，不产生有毒有害副产物和引起感官不快的臭味等物质。

（3）消毒作用快，无臭味、无噪声、处理后水无色无味，容易操作，管理简单。需消毒的水暴露在设计合理的紫外线系统下，理论上只需几秒钟就能将微生物降低到规定的要求，其他消毒方式如氯气、二氧化氯或者臭氧达到同样的消毒效果一般需要 20～30 min 甚至更长的时间；由于不产生余氯，特别是当回用于景观环境用水时，对下游的水生生物没有负面影响。

（4）运行安全可靠。一些消毒剂如氯化物、臭氧本身就属于剧毒、易燃或者易爆的物质，使用这些物质对现场操作人员以及周围居民的安全产生潜在威胁，公安、消防及环保部门对这些物质的运输、保存和使用都有严格规定，紫外消毒技术相对安全性要高。

（5）无须接触池，占地小，结构简单，设备安装快，不产生噪声。

（6）消毒效果受水温、pH 影响小。

紫外线消毒方法的问题如下：

（1）紫外线消毒法不能提供剩余的消毒能力，当处理水离开反应器之后，一些被紫外线杀伤的微生物在光复活机制下会修复损伤的 DNA 分子，使细菌再生。因此，要进一步研究光复活的原理和条件，确定避免光复活发生的最小紫外线照射强度、时间或剂量。

（2）水质条件如穿透率、浊度及水中悬浮物对紫外线杀菌有较大影响，污水中含有较多的硬度物质、铁或者锰时，石英管需要定期清洗，因此采用紫外线消毒对进水水质有较为严格的要求。

（3）没有持续消毒作用，因此单独使用紫外消毒无法保证水在输送过程中的微生物二次污染和再生长的问题。

（4）紫外线消毒费用比氯消毒费用高，除了初期投资之外，电耗较大、灯管寿命短是紫外线消毒系统费用较高的主要原因。

3.4.3.3　UV 消毒器

UV 消毒器按水流边界的不同分为敞开式和封闭式。

（1）敞开式系统

在敞开式 UV 消毒器中被消毒的水在重力作用下流经 UV 消毒器并杀灭水中的微生物。敞开式系统又可分为浸没式和水面式两种。

浸没式又称为水中照射法，将外加同心圆石英套管的紫外灯置入水中，水从石英套管的周围流过，当灯管（组）需要更换时，使用提升设备将其抬高至工作面进行操作。该方式构造比较复杂，但紫外辐射能的利用率高、灭菌效果好且易于维修。

系统运行的关键在于维持恒定的水位，若水位太高则灯管顶部的部分进水得不到足够的辐射，可能造成出水中的微生物指标过高；若水位太低则上排灯管暴露于大气之中，会引起灯管过热并在石英套管上生成污垢膜而抑制紫外线的辐射。图 3-21 中采用自动水位控制器（滑动闸门）来控制水位。在自动化程度要求不高的系统中，也可以采用固定的溢流堰来控制水位。

水面式又称为水面照射法，即将紫外灯置于水面之上，由平行电子管产生的平行紫外光对水体进行消毒。该方式较浸没式简单，但能量浪费较大、灭菌效果差，实际生产中很少应用。

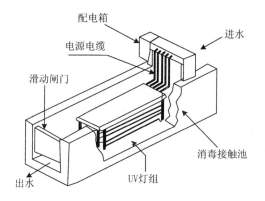

图 3-21 敞开式 UV 消毒器构造图

（2）封闭式系统

封闭式 UV 消毒器属承压型，用金属筒体和带石英套管的紫外线灯把被消毒的水封闭起来，结构形式如图 3-22 所示。

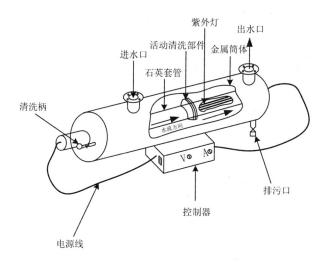

图 3-22 封闭式 UV 消毒器构造图

筒体常用不锈钢或铝合金制造，内壁多作抛光处理以提高对紫外线的反射能力和增强辐射强度，还可根据处理水量的大小调整紫外灯的数量。有的消毒器在筒体内壁加装了螺旋形叶片以改变水流的运动状态而避免出现死水和管道堵塞，所产生的紊流以及叶片锋利的边缘会打碎悬浮固体，使附着的微生物完全暴露于紫外线的辐射中，提高了消毒效率。

大多数紫外线装置利用传统的低压紫外灯技术，也有一些大型水厂采用高强度低压紫外灯系统和中压紫外灯系统，由于产生高强度的紫外线可使灯管数量减少 90%以上，从而缩小了占地面积，节约了安装和维修费用，且使 UV 消毒法对水质较差的出水也适用。

3.4.3.4 影响因素

（1）紫外线穿透率（UVT）

紫外线穿透率是指波长为 254 nm 的紫外线在通过 1cm 比色皿水样后，未被吸收的紫外线与输出总紫外线之比。它是反映水体通过紫外光能力的参数，是紫外消毒系统设计的重要依据。

一般来说，紫外线穿透率高，微生物能够接受到的紫外光能量就会升高，所需的紫外线剂量也就随之降低。紫外穿透率的提高，可以减少紫外线灯管的数目或者减少接触时间，从而提高紫外系统的效率，降低基建费用和设备投资。

（2）浊度与悬浮固体

某些细菌可以吸附在悬浮固体的表面，或是被悬浮固体所包裹，这些细菌不易受到紫外光的照射，因而很难被杀灭，一般要求进水浊度≤5NTU。

（3）颗粒物粒径

水中形成浊度的颗粒物粒径分布不同，对消毒效果的影响也不同。粒径＞5 μm 的颗粒会对紫外消毒工艺的灭活效果产生一定影响，并且随着浊度的增加，其影响更加明显，粒径＜5 μm 的颗粒物所产生的浊度对紫外消毒效果基本没有影响。

（4）污水中化学组分的影响

污水中化学组分对 UV 消毒效果的影响见表 3-13。

表 3-13　污水中污染组分对 UV 消毒的影响

组分	影响
BOD_5、COD、TOC 等	无影响或者影响不大，除非 BOD_5 中腐殖物比例很大
腐殖物质	紫外线的强吸收剂
油、脂	能在石英套管上积聚吸收紫外线
TSS	能吸收紫外线，能屏蔽裹挟的细菌
碱度	影响结垢趋势，影响金属离子的溶解度，进而影响对紫外线的吸收
硬度	钙、镁和其他盐类在石英套管上形成沉积，高温时影响更大
氨	无影响或者影响不大
亚硝酸盐	无影响或者影响不大
硝酸盐	无影响或者影响不大
铁	紫外线的强吸收剂，能在石英套管上沉积，能在悬浮固体上吸附并以吸附作用屏蔽细菌
锰	紫外线的强吸收剂
pH	影响金属和碳酸盐的溶解度
TDS	影响结垢趋势，能形成矿物沉积

（5）灯管表面结垢对紫外消毒的影响

污水流经 UV 消毒器时，其中有许多杂质会沉淀、黏附在套管外壁上，形成结垢现象。尤其当污水中有机物含量较高时更容易形成污垢膜，而且微生物容易生长形成生物膜，这些都会抑制紫外线的透射，影响消毒效果。

灯管的结垢可以通过定期清洗来解决。最常见的是人工清洗，清洗时需要关灯、停机；另外，还有机械的在线清洗，不需要关灯、停机。这两种方法都需要定期使用酸性药品对灯管进行彻底清洗。

（6）上游处理工艺对紫外消毒系统的影响

紫外消毒系统上游的处理工艺也会影响系统的消毒效果，例如：上游的处理程度，二级生化处理选用的工艺，采用絮凝、混凝剂的成分等。污水处理厂用紫外线消毒时，前面如加药剂最好为铝盐；如采用生物膜法工艺，膜的脱落也会对紫外线消毒产生影响。这些影响一般很难得出理论公式计算，基本是靠大量经验的积累。

（7）水力条件

在 UV 明渠消毒系统中，系统水力状况不良可能影响 UV 消毒效果。常出现的问题包括：① 形成密度流，造成入流污水沿灯管的底部或者顶部流动而导致短路；② 进口和出口条件不良，可能形成涡流，最终导致速度不均一而引发短路；③ 在渠道内形成死角，造成短路。发生短路或者死区，使平均接触时间减少，导致 UV 系统的利用效果不好。为解决上述问题，通常在明渠入口处设置进水整流板（格栅）。

3.4.3.5　安全与维护

（1）必须定期（根据现场实际情况间隔 1～2 个月时间）对排架的石英套管进行人工清洗。

（2）为确保消毒效果，灯管使用到 12 000 h 后必须更换新灯管。

（3）消毒的水量必须符合设计要求。

3.4.4　臭氧消毒

3.4.4.1　概述

臭氧（O_3）是一种特殊刺激性气味的灰蓝色气体，它的溶解度比空气大 25 倍，0℃时纯臭氧的溶解度为 1 371 mg/L。它是一种强氧化剂，在消毒上属于过氧化物类消毒剂，具有广谱、高效杀菌作用，臭氧的杀菌速度比氯快 600～3 000 倍，氯的杀菌作用是渐进的，而臭氧则是急速杀菌，还可以去除水中的色、臭、味等有机物以及具有除铁和锰、助凝等功能。

在标准状况下，密度为 2.144 g/L。由于接近地面的干燥空气，密度为 1.293 g/L，臭氧密度是空气的 1.658 倍。在-195.4℃时，液态臭氧密度为 1.164 g/mL。在冷水中的溶解度比氧气约大 10 倍。空气中含有 0.02×10^{-6} 左右的臭氧。长期呼吸 $>0.1 \times 10^{-6}$ 臭氧，对人体有害。

臭氧是比氧气更强的氧化剂，且可以在较低温度下进行氧化。所以，臭氧的一切应用（消毒、灭菌、水净化、漂白、作氧化剂等）本质上都是利用其强氧化能力。由上可知，臭氧的强氧化性、常温作用性，特别是其反应后能还原为氧气，是其应用经久不衰、备受人类青睐的三大原因。

3.4.4.2　原理与特点

臭氧消毒的原理是臭氧在水中发生氧化还原反应，产生氧化能力极强的单原子氧（O）和羟基（·OH），瞬间分解水中的有机物质、微生物，羟基是强氧化剂、催化剂，可使有机物发生链反应，对各种致病微生物有极强的杀灭作用。单原子氧也具有强氧化能力，对顽强的微生物如病毒、芽孢等有强大的杀伤力。臭氧杀灭细菌和病毒的作用，通常是物理、化学、生物几个方面的综合作用，其作用机制为：① 作用于细胞膜导致细胞膜的通透性增加，细胞内物质外流，使细胞失去活力；② 使细胞活动必需的酶失去活性，这些酶是合成细胞的重要成分；③ 破坏细胞内的遗传物质，直接破坏其 RNA 和 DNA 物质，导致新陈代谢障碍，直至死亡，这一过程是不可逆的反应，是极为迅速的。

与其他消毒方法比较，臭氧消毒具有如下优点：

（1）消毒效果好。臭氧是一种广谱杀菌剂，几乎对所有病菌、病毒、霉菌、真菌及原虫、卵囊都具有明显的灭活效果。

（2）高效性。臭氧杀菌速度快，当浓度超过一定阈值后，消毒杀菌可以在瞬间完成，臭氧水消毒由于有羟基参与，消毒杀菌更快速有效。

（3）在消毒的同时可改善水的性质。除能消毒外，臭氧还可以降解水中含有的有害成分和去除重金属离子以及多种有机物杂质，如铁、锰、硫化物、苯、酚、有机磷、氯化物等，还可以使水除臭脱色，从而达到净化水的目的。

（4）臭氧消毒后不产生附加化学物质污染，臭氧不会与有机物反应产生三卤甲烷、卤乙酸等副产物，不会产生如氯酚类等的臭味。相反，由于臭氧投加后很快分解为氧，因而可以提高出水中的溶解氧浓度。

（5）适应能力强，受 pH 和温度影响小。在 pH=5.6～9.8，水温 0～35℃范围内，臭氧的消毒性能稳定。

（6）臭氧消毒不产生溶解固体。

臭氧消毒的缺点是：

（1）臭氧没有氯的持续消毒作用，臭氧在水中不稳定，容易消失，不能持续保持杀菌能力，故在臭氧消毒后，往往还需投加氯以维持水中一定的余氯量；

（2）臭氧消毒产生溴酸盐、醛、酮和羧酸类等副产物，溴酸盐是一种潜在的致癌物；

（3）在适应水质变化方面，臭氧不如氯灵活；

（4）腐蚀性强；

（5）臭氧消毒的设备投资及运行费用比较高；

（6）在我国城市污水消毒方面，应用较少。

3.4.4.3　工艺流程

采用臭氧消毒的污水，预处理是十分重要的，往往由于预处理程度不够而影响臭氧消毒的效果，污水处理程度要经过技术经济比较确定。污水消毒最好是经过二级处理后再用臭氧消毒。这样可以减少臭氧的投加量，降低设备投资费用和运行费用。典型的臭氧系统（空气源）工艺流程如图 3-23 所示。

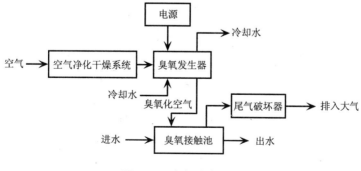

图 3-23　臭氧消毒流程

臭氧在污水处理过程中往往不能百分之百地被污水吸收利用，所以在剩余的尾气中还含有一部分臭氧，如直接排入大气就会污染环境，危害人体健康。剩余臭氧可以尽量利用，如经常采用引入原污水中。如实在不能利用就必须处理。尾气处理的方法有燃烧法、活性炭吸附法、化学吸收法和催化分解法等。处理后的尾气重的臭氧含量应小于 0.1 mg/L。目前多使用回收利用、热分解法和霍加拉特剂催化分解法。在生产实践中，常将臭氧尾气以各种方式回用于原水的预处理，比如，利用水射器、微空扩散器混合到原水当中。

3.4.4.4　影响因素

臭氧在用于饮用水消毒时具有极高的杀菌效率，但在应用污水消毒时往往需要较大的臭氧投加量和较长的接触时间。其主要原因是污水中存在着较高的污染物如 COD、$NO_2^-\text{-}N$、色度和悬浮物等，这些物质都会消耗臭氧，降低臭氧的杀菌能力。只有当污水在臭氧消毒之前经过必要的预处理，才能使臭氧消毒更经济、更有效。臭氧与污水的接触方式传质效果也会影响臭氧的投加量和消毒效果。

（1）臭氧投加量和剩余臭氧量。剩余臭氧量像余氯一样在消毒中起着重要的作用，在饮用水消毒时要求剩余臭氧浓度为 0.4 mg/L，此时饮用水中大肠菌可满足水质标准要求。在污水消毒时，剩余臭氧只能存在很短时间，如在二级出水臭氧消毒时臭氧存留时间只有3～5 min。所测得的剩余臭氧除少量的游离臭氧外，还包括臭氧化物、过氧化物和其他氧化剂。在水质好时游离的臭氧含量多，消毒效果最好。

（2）接触时间。臭氧消毒所需要的接触时间是很短的，但这一过程也受水质因素的影响，研究发现在臭氧接触以后的停留时间内，消毒作用仍在继续,在最初停留时间 10 min 内臭氧有持续消毒作用,30 min 以后就不再产生持续消毒作用。

（3）臭氧与污水的接触方式对消毒效果也会产生影响。如采用鼓泡法,则气泡分散的越小,臭氧的利用率越高,消毒效果越好。气泡大小取决于扩散孔径尺寸、水的压力和表面张力等因素,机械混合器、反向螺旋固定混合器和水射器均有很好的水气混合效果,完全可用于污水臭氧消毒。

3.4.4.5 安全与维护

（1）系统设备管道防腐处理。

（2）臭氧气体具有很强的腐蚀性,在潮湿情况下腐蚀性最强。因此,臭氧发生设备——输送臭氧的管道阀门及接触反应设备均采取防腐措施。如使用碳钢材料必须涂防腐涂层。最好使用不锈钢管,玻璃钢管,ABS、PVC、PP—R 塑料管等。接触池在使用钢筋混凝土材料时应加防腐涂层。一般橡胶不耐臭氧氧化,所以臭氧发生设备间的电线、电缆等均不能使用橡胶包裹的电线,应使用塑料电线。

（3）设置通风排气设备。

（4）臭氧具有毒性,空气中臭氧浓度达到 0.1 mg/m^3 时就对人的眼、鼻、喉及呼吸道产生刺激作用；在 0.01～0.02 mg/m^3 时可闻到臭味。因此在臭氧设备间应设置通风设备,万一发生泄漏可及时排出臭氧。臭氧比空气重,通风机应安装在靠近地面处。

（5）臭氧输送管道及臭氧设备必须密闭,防止泄漏。

（6）在设备运行之前应检查是否漏气,运行中一旦发生泄漏应立即关掉臭氧发生器电源,打开排风扇排出臭氧,再进行检修。

（7）臭氧发生器为高压放电设备,应设置接地装置,接地电阻应小于 4 Ω。

（8）操作应严格按照设备使用说明书及有关电器使用要求进行。

（9）必须设置尾气处理或尾气回收装置，反应后排出的臭氧尾气必须经过分解破坏或回收利用达到排放标准，否则将污染大气。

3.4.5　小结

目前常用的几种消毒方法各有千秋，在工程实践中需要结合消毒要求、工程造价、运行成本、管理是否方便等因素综合考虑。根据多年的理论和实践研究，美国规定了确保消毒效果所需的消毒前水质要求，见表 3-14。

表 3-14　几种消毒工序前的水质要求

消毒方法 水质参数	单位	液氯	二氧化氯	臭氧	UV
SS	mg/L	<20	<20	<10	<10
BOD_5	mg/L	<20	<20	<20	<20
浊度	NTU	<10	<10	<5	<5
氨	mg/L	注②	无影响	<1	无影响
pH	—	6.0~9.0	6.0~10.0	6.0~9.0	无影响

注：① 不论采用哪种消毒方法，如果希望得到更高的病原体去除效果（即埃希氏大肠菌浓度<10 个/100 mL），就必须确保消毒前原水浊度<2 NTU。

② 氯消毒如果存在氨，就会发生氯胺反应，降低消毒效果。因此，所需氯的量与污水中氨的含量有较大关系。

液氯消毒应用最普遍，具有持续消毒作用，操作简单，投量准确，容易适应流量的变化，成本较低，在长期使用过程中积累了丰富的运行经验，但氯化消毒能够产生三氯甲烷、卤代乙酸等消毒副产物；水中含酚时，会产生氯酚味；部分水生生物对水中总余氯含量比较敏感，某些物种能承受的最大余氯量为 0.002 mg/L（新鲜水）和 0.01 mg/L（盐水），脱氯作用能去除残留的游离态或者化合态氯，但不能有效地去除其他消毒副产物。总之，氯化消毒出水排放到地表水体后可能会对水生生态系统造成不利的影响。也有研究表明，氯化消毒后出水的生物毒性更强。

如果为防止微生物的再次繁殖，避免对后续输配和储存系统造成二次污染，需要保持一定的余氯量，这时最好选用氯或者二氧化氯消毒，但必须控制再生水利用现场的余氯量≤1 mg/L。

二氧化氯消毒效果好，有持续消毒作用，受 pH 影响小，不与氨氮反应，可氧化水中有机物，还可降低水的 COD、嗅、味，产生的消毒副产物少，但二氧化氯本身是一种有毒的化合物，长时间接触含有二氧化氯的气溶胶，可能会对肝、肾、中枢神经系统等造成损伤。

臭氧消毒杀菌效率高，甚至对抵抗力强的微生物如病毒和孢囊也有较强的杀菌效果；可以除臭、除色；能除酚，但无氯酚味；对 pH、温度适应能力强；不生成三氯甲烷、卤代乙酸等副产物；但臭氧消毒能耗高，无持续消毒作用，当二级出水中含有大量溴化物时，能与臭氧反应生成溴酸盐，溴酸盐也是一种应严格限制的消毒副产物；另外，臭氧的腐蚀性较强，在极低的浓度下就能产生令人厌恶的臭味，并对人体健康有一定影响。

紫外线消毒需要的接触时间短，消毒效果好，不改变水的物理、化学性质，不会生成有机氯化物和氯酚味，与其他消毒方法相比，紫外线消毒的环境风险最低，但经消毒后的出水容易发生光致化学反应和微生物种群的变异；另外，长距离输水时管网中可能存在微生物再次繁殖的问题。

从消毒副产物生成的可能性以及出水排放到受纳水体时的潜在毒性来看，UV 对环境的潜在风险较小，其次为臭氧、二氧化氯、液氯。

各种消毒技术的原理不同，微生物对不同消毒剂的抵抗性和敏感性不同，对一种消毒剂具有抗药性的微生物可能很容易被其他消毒剂灭活，例如隐孢子虫、贾第鞭毛虫和军团菌属等抗氯微生物在低 UV 剂量下即可灭活，而腺病毒等抗 UV 微生物则对氯非常敏感，在必要的时候可以将不同消毒技术进行组合。

表 3-15 为污水再生利用中常用消毒方法的比较和评价。

表 3-15　污水再生利用中常用消毒方法的比较和评价

消毒方法 项目	液氯	二氧化氯	臭氧	UV
接触时间/min	≥30	≤30	5～10	0.5～1
投加量	2～20 mg/L	5～10 mg/L	1～3 mg/L	30～40 mJ/cm²
对病毒的灭活效率	中等偏下	中等	高	高
有无持续消毒作用	有	有	无	无
技术复杂程度	简单到中等	中等	复杂	简单到中等
运输过程中的安全隐患	有	有	无	无
现场的安全隐患	大	有	有	较小
是否与氨氮反应	是	否	影响小，高 pH 时反应	否
消毒副产物	有	可能存在少量	有	无
腐蚀性	有	有	有	无
能耗	低	低	高	高
清洗产物	无	无	无	有

消毒方法 项目		液氯	二氧化氯	臭氧	UV
经济性	运行费用	中等偏下	中等	中等偏上	中等偏下
	投资（中、小规模）	中等	中等	高	中偏下
	投资（大、中规模）	中等偏下	中等偏下	高	中偏上
	占地面积	大	较小	小	小
	维护工作量	大	较小	大	小

注：氯消毒和二氧化氯消毒需要较长的接触时间，臭氧消毒也要设置接触池，土建和征地费用高于 UV 消毒。

3.5 其他工艺

3.5.1 高级氧化

3.5.1.1 概述

目前废水处理最常用的生物处理方法，对可生化性差、相对分子质量从几千到几万的物质处理较困难，而化学方法可将其直接矿化或通过氧化提高污染物的可生化性，同时还在对环境类激素等微量有害化学物质的处理方面具有很大的优势。但 O_2、H_2O_2 和 Cl_2 等常规氧化剂的氧化能力不强，且具有选择性氧化等缺点，难以满足要求。1987 年 Glaze 等提出了高级氧化法，该方法因克服了普通氧化法存在的困难并提供了独特的优点而引起重视。

高级氧化技术作为一种有效的污水处理手段已经引起了国内外水处理界的广泛关注。对二级处理后剩余的难降解有机污染物，如

POPs、个人护理品及药物在强氧化剂作用下有望被矿化为二氧化碳、水及其他无机物，从而最终实现污染物的无害化处理。

高级氧化技术的反应机理特征是体系可产生大量羟基自由基（·OH），利用高活性·OH 自由基无选择性进攻水体中有机污染物并与之反应，从而破坏有机分子结构，生成一系列中间产物或最终被氧化成二氧化碳、水和无机盐，达到氧化去除有机物的目的，实现高效的氧化处理。

3.5.1.2 工艺特点

高级氧化以产生羟基自由基（·OH）为标志，其特点是利用氧化有机物时产生的氧化性极强·OH 与有机物作用，从而实现污染物去除的目的。与其他水处理技术相比，高级氧化技术具有如下特点：

（1）氧化能力强。高级氧化过程中产生的·OH 的标准电极电势仅次于 F_2，比其他常用的氧化剂，如 O_3、H_2O_2、MnO_4 的电极电势都要高得多，说明·OH 是一种氧化能力很强的氧化剂，其氧化能力远远高于常用的普通氧化剂。

（2）反应速率大。·OH 化学性质活泼，能与大多数有机污染物反应，且反应速率常数很大，在 $10^6 \sim 10^9 \; \text{mol}^{-1} \cdot \text{L} \cdot \text{s}^{-1}$。

（3）存在寿命短。·OH 是高级氧化反应过程中产生的具有高活性的中间产物，其在不同的环境介质中，存在的寿命是不同的，但一般均小于 10^{-4}s，液相中仅 10^{-9}s。

（4）处理效率高，不产生二次污染。虽然·OH 的存在寿命很短，但因其反应速率常数极大，因此·OH 的处理效率仍较高。普通的化学氧化剂由于反应具有选择性，且氧化能力不高，往往不能彻底有效的降解有机物。因此，其总有机碳及 COD 去除率也不高。而高级氧化技术甚至可以将有机物直接矿化成二氧化碳和水,从而达到彻底去除 COD 和总有机碳的目的。

（5）反应条件温和,通常对反应温度和压力没有要求。

（6）可与其他技术联用。

3.5.1.3　工艺分类

高级氧化技术可分为:均相高级氧化技术和非均相高级氧化技术。均相高级氧化技术包括 Fenton 体系、O_3/H_2O_2、O_3/UV、H_2O_2/UV、$O_3/H_2O_2/UV$ 等体系。非均相氧化包括 TiO_2/UV 等。目前在污水再生利用领域中常用的是 O_3/H_2O_2、H_2O_2/UV 等高级氧化工艺。

（1）O_3/H_2O_2

O_3/H_2O_2 系统是一种有效降解水中有机污染物的高级氧化过程,只需对常规的臭氧氧化处理技术进行简单改造,向臭氧反应器中加入过氧化氢即可。与 UV 高级氧化法相比,O_3/H_2O_2 不需要 UV 使分子活化,更重要的优点是该方法在浊度较高的水环境中仍然能良好运行。

（2）H_2O_2/UV

过氧化氢是一种较强的氧化剂,可将水中有机的、无机的毒性污染物氧化成为无毒的或易被生物降解的化合物。但受传质限制,过氧化氢难以将水中极微量有机物彻底氧化,特别是对于高浓度难降解的有机物,仅用过氧化氢效果并不十分理想,而引入紫外光（UV）则可极大提高过氧化氢的氧化能力。

影响 H_2O_2/UV 氧化效果的因素有:过氧化氢的浓度、有机物起始浓度、紫外光强和频率、溶液的 pH、反应温度和时间等。与其他方法如 Fenton 试剂、吸附法相比,H_2O_2/UV 体系不仅能去除有机污染物并不会引起二次污染，也不需要后续的进一步处理，且有着较好的费用效益比。

3.5.1.4 安全与维护

具有强氧化性，与臭氧接触的相关设施应采用耐氧化材料；臭氧有毒，气味难闻，必须设置尾气破坏装置，并采取防止臭氧泄漏的措施。

过氧化氢在高温下容易分解，储运要注意安全；出水中可能有过氧化氢残留，对过氧化氢含量有要求时，需采用活性炭床进行过氧化氢分解处理。

水中悬浮物及紫外灯管表面的积垢易降低紫外线消毒效率；紫外灯管寿命一般为一年，会产生含重金属的废弃灯管，需采取相应的安全处置措施。

3.5.2 活性炭吸附

3.5.2.1 概述

活性炭是一种暗黑色含碳物质，具有发达的微孔构造和巨大的比表面积。它化学性质稳定，可耐强酸强碱，具有良好的吸附性能，是多孔的疏水性吸附剂。活性炭最初用于制糖业，后来广泛用于去除受污染水中的有机物和某些无机物。它几乎可以用含有碳的任何物质做原材料来制造，其制备过程主要包括炭化和活化两步：炭化也称热解，是在隔绝空气的条件下对原材料加热，一般温度在 $600°C$ 以下；活化是在有氧化剂的作用下，对碳化后的材料加热，以生产活性炭产品。

由于活性炭能有效地去除水的臭与味以及大部分有机物和某些无机物，活性炭吸附技术已成为污染水源净化和城市污水、工业废水深度处理的有效手段。对于溢流污水，同样也可以用活性炭吸附法进行净化处理。

水处理中的活性炭主要有粉末炭和粒状炭两类。粉末炭采用混悬接触吸附方式，主要以搅拌池吸附的形式应用；而粒状炭则采用过滤吸附方式，通常采用固定床的形式，如活性炭滤池等。粒状炭较之粉末炭具有可再生性好和抗干扰力强的优点。

最近发展起来的另外一种叫作活性炭纤维，它是一种性能优于粉状炭和粒状炭的高效活性吸附材料。活性炭纤维可方便地加工为毡、布、纸等各种不同的形状，制造的净水装置高效可靠、处理量大、结构紧凑，但价格较高。

3.5.2.2　工艺原理

活性炭在制造过程中，其挥发性有机物被去除，晶格间生成空隙，形成许多形状各异的细孔。其孔隙占活性炭总体积的 70%～80%，每克活性炭的表面积可高达 500～1 700 m^2，但 99.9%都在多孔结构的内部。活性炭的极大吸附能力即在于它具有这样大的吸附面积。活性炭的孔隙大小分布很宽，从 10^{-1} nm 到 10^4 nm 以上，一般按孔径大小分为微孔、过渡孔和大孔。在吸附过程中，真正决定活性炭吸附能力的是微孔结构。活性炭的全部比表面几乎都是微孔构成的，粗孔和过渡孔只起着吸附通道作用，但它们的存在和分布在相当程度上影响了吸附和脱附速率。

研究表明在吸附过程中发生溶质由溶剂向活性炭吸附剂表面的质量传递，推动力可以是溶质的疏水特性或溶质对吸附剂表面的亲和性，或两者均存在。在水处理中通过活性炭吸附而被去除的物质一般为兼有疏水基团与亲水基团的有机化合物。溶质对吸附剂表面的亲和力可分为两类：一类是溶质在溶剂中的溶解度；另一类则是溶质与吸附剂之间的范德华力、化学键力和静电引力。

严格地说，活性炭吸附是一个很复杂的过程。它是利用活性炭的物理吸附、化学吸附、交换吸附以及氧化、催化氧化和还原等性能去除水中污染物的水处理方法。

3.5.2.3 性能特点

活性炭吸附在水处理应用中主要具有如下优点：① 活性炭对水中污染物有卓越的吸附能力，对用生物法和其他方法难以去除的有机污染物和重金属有较好的吸附去除效果；② 活性炭对水质、水温及水量变化具有较强的抗冲击负荷能力，因而易于控制与管理；③ 活性炭吸附的"贵重"有机污染物和重金属易于回收利用，且活性炭本身也能脱附再生。

但是，目前我国的活性炭供应比较紧张，再生费用较高，这大大提高了制水成本，从而限制活性炭的广泛使用。

3.5.2.4 小结

由于活性炭对水中微量有机物具有卓越的吸附特性，所以早在20 世纪 20 年代末 30 年代初欧美国家就开始用粉状活性炭去除水中的臭、味等。粉状活性炭适用于含低浓度有机物和氨的污染水源的除臭、除味，尤其适用于季节性短期高峰负荷的污染水源的净化。

粉状炭一般以 5%～10%的悬浮液投加，其投加量根据原水的水质而异，并与水处理厂的流程有关。一般情况下投加剂量为 3～

10 mg/L。接触时间一般为 15～30 min。投加点可在原水泵附近或澄清池之前。因其可再生性差和抗干扰能力弱的缘故，对污染较严重的水源及长期使用时应逐渐由粒状炭代替。在给水处理中，粒状活性炭多以吸附柱或吸附塔的形式来应用，当吸附饱和后，通过再生以恢复其吸附能力。由于在新建或扩建现有水厂时，增设活性炭吸附过滤装置需要大量的基建费用和一定的建筑面积，因此在欧美国家的许多水厂中用粒状活性炭取代砂滤池中的砂。

3.5.3 离子交换

3.5.3.1 概述

离子交换法是给水水质软化和除盐的主要方法之一；在污水处理中主要用于去除水中的金属离子。离子交换的实质是不溶性离子化合物（离子交换剂）上的可交换离子与溶液中的其他同性离子之间的交换反应。它是一种特殊的吸附过程，通常称为离子交换吸附。

给水处理中常用的离子交换剂有磺化煤和离子交换树脂。污水处理中使用的主要是离子交换树脂。离子交换树脂是人工合成的高分子化合物，由树脂本体（又称母体）和活性基团两个部分组成。生成离子交换剂的树脂母体最常用的是苯乙烯的聚合物，其结构如图 3-24 所示。树脂的外形呈球状，粒径为 0.6～1.2 mm（大粒径树脂）、0.3～0.6 mm（中粒径树脂）或 0.02～0.1 mm（小粒径树脂）。树脂本身不是离子化合物，并无离子交换能力，需经过适当处理加上活性基团后才成为离子化合物，具有离子交换能力。活性基团由固定离子和活动离子组成。固定离子固定在树脂的网状骨架上，活动离子（或交换离子）则依靠静电引力与固定离子结合在一起，二者电性相反、电荷相等。

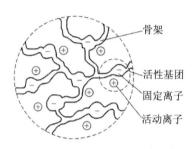

骨架

活性基团
固定离子
活动离子

图 3-24　阳离子交换树脂结构示意图

按树脂的类型和孔隙节后的不同，离子交换树脂可以分为凝胶型树脂、大孔型树脂、多孔凝胶性树脂、巨孔型（MR 型）树脂和高巨孔型（超 MR 型）树脂等；按活性基团的不同可分为含有酸性基团的阳离子交换树脂、含有碱性基团的阴离子交换树脂、含有胺羧基团等的螯合树脂、含有氧化—还原基团的氧化—还原树脂及两性树脂等。其中，阳、阴离子交换树脂按照活性基团电离的强弱程度又分为强酸性（离子性基团为—SO_3H）、弱酸性（离子性基团为—$COOH$）、强碱性（离子性基团为=NOH）和弱碱性（离子性基团有—NH_3OH、=NH_2OH、≡$NHOH$）。

3.5.3.2　工艺流程

离子交换的运行操作包括四个步骤：交换、反洗、再生、清洗。

（1）交换：交换过程主要与树脂性能、树脂层高、原水浓度、水流速度以及再生程度等因素有关。当出水的离子浓度达到限值时，应进行再生。

（2）反洗：反洗的目的在于松动树脂层，以便下一步再生时，注入的再生液能均匀分布，同时也及时地清除积存在树脂层内的杂质、碎粒和气泡。反洗使树脂层膨胀 40%～60%。反冲流速约为 15 m/h，历时约 15 min。

（3）再生：也就是交换反应的逆过程，使具有较高浓度的再生液流过树脂层，将先前吸附的离子置换出来，从而使树脂的交换能力得到恢复。再生液的浓度对树脂再生程度有较大影响。当再生剂量一定时，在一定范围内，浓度越大，再生程度越高；但超过一定范围，再生程度反而下降。对于阳离子交换树脂，氯化钠（食盐）再生液浓度一般采用 5%～10%；盐酸再生液浓度一般用 4%～6%；硫酸再生液浓度则不应大于 2%，以免再生时生成 $CaSO_4$ 黏附在树脂颗粒上。

（4）清洗：清洗是将树脂层内残留的再生废液清洗掉，直到出水水质符合要求为止。清洗用水量一般为树脂体积的 4～13 倍。

3.5.3.3 磁性阴离子交换树脂

磁性阴离子交换树脂是一类具有活性功能基团的粉末型吸附剂，它能通过电荷作用对负电荷污染物进行快速去除，同时由于具有永磁性，能够在水中快速沉淀、分离和再生。对于城市污水及工业废水的二级生化出水，其主要的溶解性有机质为腐殖质、小分子有机酸等，一般呈负电性，故能够被磁性阴离子交换树脂高效去除。因此，磁性阴离子交换树脂对水中的溶解性有机质，以及硝酸盐、硫酸盐等负电荷污染物都具有去除效果，从而具有削减 COD、总氮的作用。

磁性树脂与污染物的作用过程主要包括吸附和再生两个过程：

吸附过程是指水体中阴离子污染物与树脂上正电荷位点（含 N 基团）通过电荷吸引发生作用；吸附后的树脂可通过高浓盐水进行再生，即吸附后的树脂从净化水体中分离后，与盐水（Cl⁻）作用重新交换获得氯离子活性位点。

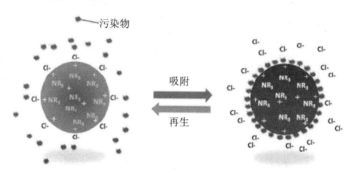

图 3-25　磁性树脂作用原理示意图

通过反应系统、再生系统和脱附液处理系统三大主要系统的优化设计和控制，开发了上流式全混态一体化连续分离设备与工艺。成套系统实现了智能化控制，操作简单、管理方便。

反应系统采用上流式全混态一体化深度处理设备，原水进入反应器底部，向上流过树脂层的过程中与树脂快速混合、高效反应，净化出水从反应器顶部流出。接近饱和的树脂被传输到再生系统再生，再生后的树脂再被运送回反应器。树脂再生产生的脱附液经氧化或混凝等方法处理后可提高 B/C 比，进而返回生化系统再次处理。

在满足《城镇污水处理厂污染物排放标准》（GB 18918—2002）一级 A 标准的处理效果前提下，磁性树脂深度处理技术与其他工艺技术相比，具有投资费用低及运行成本低的双重优势。按 1 万 t/d 的处理规模，各工艺的投资及运行成本如表 3-16 所示。

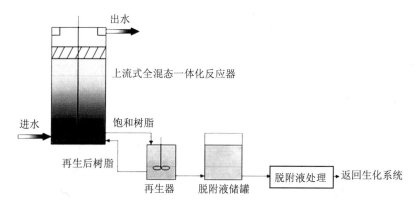

图 3-26　磁性树脂深度处理工艺流程图

表 3-16　各工艺的投资及运行成本对比

工艺名称	投资费用/ （元/吨水）	运行成本/ （元/吨水）	工程特点
传统混凝-沉淀工艺	550～650	0.3～0.6	脱色效率低、处理效果较差，污泥产量大
臭氧-活性炭工艺	300～500	0.5～0.6	氧化效率低、复色风险大，工程稳定性差
生物膜反应器 （MBR）	1 500～2 500	1.4～1.8	分体式占地大、电耗高，一体式宜堵塞、维护难，对工业尾水的适应性较差
双膜法	1 200～2 200	2.0～2.8	膜组件易堵塞、使用寿命短，预处理要求高
磁性树脂深度处理工艺	200～500	<0.25 （城市污水） <0.55 （工业废水）	占地面积小，出水色度优，污泥产量低，但对颗粒性物质去除效果较差

第4章 推荐组合工艺与案例

4.1 概述

根据北京市近期规划来看，需新建 47 座再生水厂以及升级改造 20 座污水处理厂，常规处理工艺很难保证出水水质达到再生水水质要求，需与深度处理工艺进行合理组合。

表 4-1　北京市城镇污水处理厂典型进水污染物浓度与再生水出水排放限值

单位：mg/L

	COD	BOD$_5$	SS	NH$_3$-N	TN	TP
进水污染物平均值	533	250	282	—	72	6.7
再生水出水排放限值	<30	<6	<5	<1.5	<15	<0.3

目前，北京市常用的二级处理工艺包括传统活性污泥法、A^2/O、卡鲁塞尔氧化沟等；常用的深度处理工艺包括混凝沉淀、介质过滤、膜处理和消毒等。其中，由于再生水出水对总氮、总磷的要求较高（总氮＜15 mg/L，总磷＜0.3 mg/L），故对新建再生水厂推荐二级处

理采用能脱氮除磷的工艺。深度处理各类工艺各有其适用范围，应根据具体情况进行选择。因此，推荐组合工艺可以分为以下几个大类：

- 二级处理+混凝沉淀+（过滤）+消毒
- 二级处理+过滤+消毒
- 二级处理+生物滤池+（过滤）+消毒
- 二级处理+膜分离+消毒
- 一级处理+MBR+消毒

若考虑到持久性或微量有机污染物的去除，可在消毒工艺前加上高级氧化工艺，如臭氧、臭氧—过氧化氢或紫外—过氧化氢，强化去除出水中的微量有机污染物。

4.2 二级处理+混凝沉淀+（过滤）+消毒

混凝沉淀工艺对二级处理的出水水质并没有严格要求，因此二级处理的选择可根据进水水量水质、土地情况、基建和运营费用等方面加以考虑。但同时需要注意的是，混凝沉淀工艺虽然对总磷有40%～80%的去除效果，但对总氮没有去除效果。故在二级处理时，要充分考虑总氮的去除。

- 对于日规模小于 10 万 t 的中小型污水处理厂来说，氧化沟和 SBR 是首选工艺。在氧化沟各种工艺中，考虑其各自的特点及污水脱氮除磷的要求，推荐中小城市使用较成熟的卡鲁塞尔氧化沟。而在 SBR 的各种工艺中应用以 CASS 工艺为主。
- 若进水 $BOD_5/TP > 20$，可选用 A^2/O；若进水的 $BOD_5/TP < 20$，JHB、UCT 和 MUCT 等改良工艺会更适合一些。
- 三级处理中的沉淀池较少使用平流沉淀池和辐流沉淀池，应用较多的是斜管或斜板沉淀池。一些新技术如 ACTIFLO 和 DensaDeg®等在再生水处理中的应用也日趋增多。

- 从消毒副产物生成的可能性以及出水排放到受纳水体时的潜在毒性来看，UV 对环境的潜在风险较小，其次为臭氧、二氧化氯、液氯。

案例：Snake River 污水处理厂

（1）基本信息

地址：4344 Swan Mountain Road，Dillon，Colorado

污水来源：污水来自狄龙水库南部和东部的居民区

出水水质标准：满足 NPDES 许可限值

排水受纳水体：狄龙水库

设计处理能力：9 880 t/d

每月用户污水处理费：36 美元/月

（2）处理工艺流程

进水→格栅→曝气池→二沉池→化学凝聚→絮凝→三级沉淀→过滤→消毒→出水。

（3）Snake River 污水处理厂出水水质

表 4-2　Snake River 污水处理厂出水水质

水质参数	NPDES 限值	月均值	月均值范围	单次测量最大值	报告时间
TP	0.5 mg/L 340 lb[①]/a	<0.015 mg/L	<0.01～0.04 mg/L	0.08 mg/L （8/04）	2/2003～ 5/2006
NH$_3$-N	5.8 mg/L	0.25 mg/L	<0.01～1.28 mg/L	9.85 mg/L （7/04）	

水质参数	NPDES 限值	月均值	月均值范围	单次测量 最大值	报告时间
TSS	30～45 mg/L	0.6 mg/L	0.2～2 mg/L	4 mg/L（8/04）	2/2003～ 5/2006
BOD_5	30～45 mg/L	0.7 mg/L	0.3～2 mg/L	3 mg/L（8/03）	2/2003～ 5/2006

注：① 1 lb（磅）=0.453 592 37 kg。

（4）设施说明

Snake River 污水处理厂的处理包括：格栅、除砂；曝气池；二沉池；用明矾和高聚物进行化学混凝和絮凝；三级沉淀（传统矩形斜板沉淀池，见图 4-1）；混合介质滤床（5 英尺①深）；消毒。在污水处理中，明矾使用量为 50～180 mg/L，平均使用量为 70 mg/L。冬季明矾投加量增大。高聚物的投加量约为 1 mg/L。

图 4-1 Snake River 污水处理厂矩形斜板沉淀池

---

① 1 英尺=0.304 8 m。

4.3 二级处理+过滤+消毒

二级处理需具备脱氮除磷的功能，二级出水悬浮物需低于 20 mg/L。二级处理工艺可根据进水水量水质、土地情况、基建和运营费用等方面的具体情况进行选择。

- 对于日规模小于 10 万 t 的中小型污水处理厂来说，氧化沟和 SBR 是首选工艺。在氧化沟各种工艺中，考虑其各自的特点及污水脱氮除磷的要求，推荐中小城市使用较成熟的卡鲁塞尔氧化沟。而在 SBR 的各种工艺中应用以 CASS 工艺为主。

- 若进水 $BOD_5/TP > 20$，可选用 A^2/O；若进水的 $BOD_5/TP < 20$，JHB、UCT 和 MUCT 等改良工艺会更适合一些。

- 对污水的再生利用，主要用到的过滤技术有砂滤和滤布滤池。常用砂滤池为 V 形滤池。城镇污水二级处理出水浊度较低时可采用微絮凝—过滤。

- 从消毒副产物生成的可能性以及出水排放到受纳水体时的潜在毒性来看，UV 对环境的潜在风险较小，其次为臭氧、二氧化氯、液氯。

案例：Walton 污水处理厂

（1）基本信息

地址：54 South Street，Walton，New York 13856

运营商：Delaware Operations

污水来源：污水一部分来自居民区和商业区，另一部分来自附近的乳制品加工厂，乳制品加工厂污水量占总污水量的 40%，却占 80%的有机负荷。进水 BOD_5 平均浓度为 350 mg/L。

出水水质标准：三级处理和 NPDES 许可证限值

排水受纳水体：特拉华河流域

设计处理能力：5 800 t/d

每月用户污水处理费：10 美元，并根据水量收费。（备注：该厂建设、运行和维护成本由纽约市补贴）

（2）处理工艺流程

Walton 污水处理厂在 2003 年升级改造后处理流程包括：格栅和除砂；延时曝气和二沉池；以氯化铝作化学絮凝剂（加药点为二沉池、活性砂滤池配水器）；两级活性砂过滤器；氯消毒并用二氧化硫除氯。在二沉池出水与过滤器进水之间使用氯消毒以防止微生物在过滤器中生长。

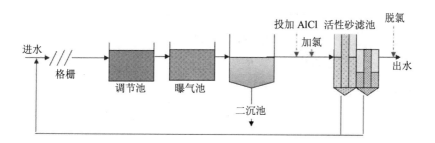

图 4-2　Walton 污水处理厂工艺流程图

（3）Walton 污水处理厂出水水质

表 4-3　Walton 污水处理厂出水水质数据

水质参数	NPDES 限值	月均值	月均值范围	单次测量最大值	报告时间
TP[①]	0.2 mg/L	<0.01 mg/L	<0.005~0.06 mg/L	<0.06 mg/L（3/2006）	2/2003~3/2006
NH$_3$-N[②]	8.8 mg/L	0.24 mg/L	<0.05~1.4 mg/L	1.4 mg/L（6/2005）	6/2003~6/2006
TSS	30 mg/L	<3.5 mg/L	<2.6~4.9 mg/L	<4.9 mg/L（12/2005）	2/2003~3/2006
CBOD[③]	25 mg/L	<3.7 mg/L	<2.5~4.5 mg/L	<21 mg/L（7/2004）	2/2003~3/2006

注：① 总磷浓度几乎都以小于指定的检测值表示，虽然实际值比此检测值低很多。
　　② 氨氮的排放限值具有季节性。
　　③ CBOD 为碳 BOD，与 NBOD（氮 BOD）相对，BOD$_5$ 可近似等于 CBOD。

（4）两级过滤设施

特拉华河是纽约城的主要饮用水水源，故为了保障水质，纽约城为该流域的污水处理厂提供资金，用以建设污水处理厂的深度处理设备。该污水处理厂安装两级活性砂过滤器（DynaSand filter），均可实现自动连续反冲洗。该厂安装了 5 套由第一、二级过滤器组成的过滤模块。每个模块包含 4 个活性砂过滤器，每个过滤器表面积约 18 m^2。

二沉池出水被泵提升至配水箱，并在此添加氯化铝和氯气，在重力的作用下进入第一级过滤器，再由一级过滤器进入二级过滤器。洗砂废水则回流至进水端处理。图 4-3 和图 4-4 分别是 Walton 污水处理厂两级过滤设施剖面图和侧视图。一级砂滤池 2 m 深，过滤介质平均直径 1.3 mm；二级砂滤池 1 m 深，过滤介质平均直径 0.9 mm。

砂滤器实际运行数量根据进水量调节。在运行过程中几乎没有活性砂的损失。

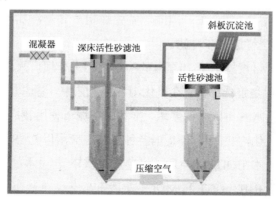

图 4-3　两级活性砂过滤器剖面图

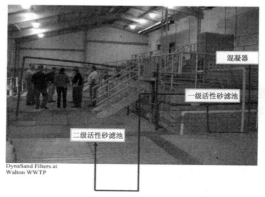

图 4-4　配水箱、两级砂滤器侧视图

4.4　二级处理+生物滤池+（过滤）+消毒

二级处理需具备脱氮除磷的功能，并要求出水悬浮物低于

20 mg/L。二级处理工艺可根据进水水量水质、土地情况、基建和运营费用等方面的具体情况进行选择。需要注意的是，生物滤池的出水悬浮物一般≤15 mg/L。因此，若要稳定达到悬浮物<10 mg/L，可对其出水进行进一步过滤。

- 对于日规模小于 10 万 t 的中小型污水处理厂来说，氧化沟和 SBR 是首选工艺。在氧化沟各种工艺中，考虑其各自的特点及污水脱氮除磷的要求，推荐中小城市使用较成熟的卡鲁塞尔氧化沟。而在 SBR 的各种工艺中应用以 CASS 工艺为主。

- 若进水 $BOD_5/TP>20$，可选用 A^2/O；若进水的 $BOD_5/TP<20$，JHB、UCT 和 MUCT 等改良工艺会更适合一些。

- 生物滤池根据处理目标不同分为曝气生物滤池和反硝化滤池。老污水处理厂的二级出水若需要进一步硝化，且占地有限，可考虑曝气生物滤池；对新建污水处理厂，如果占地有限、出水总氮要求较高时，可以考虑采用反硝化滤池。

- 从消毒副产物生成的可能性以及出水排放到受纳水体时的潜在毒性来看，UV 对环境的潜在风险较小，其次为臭氧、二氧化氯、液氯。

案例一：Howard F.Curren 污水处理厂：生物处理+DNF+消毒

（1）基本信息

Howard F.Curren 污水处理厂设计流量 38 万 m^3/d。

① 年均实际进水水质：BOD_5=184 mg/L，TSS=146 mg/L，TKN=30.7 mg/L，TN=33 mg/L，TP=4.6 mg/L

② 年均实际出水水质：BOD_5=2.4 mg/L，TSS=1.1 mg/L，TKN=1.33 mg/L，NH_3-N =2.6 mg/L，TN=1.27 mg/L，TP=0.11 mg/L

（2）处理工艺流程

工艺单元包括预曝气、格栅、沉砂池、初沉池、活性污泥系统和反硝化滤池等。图 4-5 是详细工艺流程图。

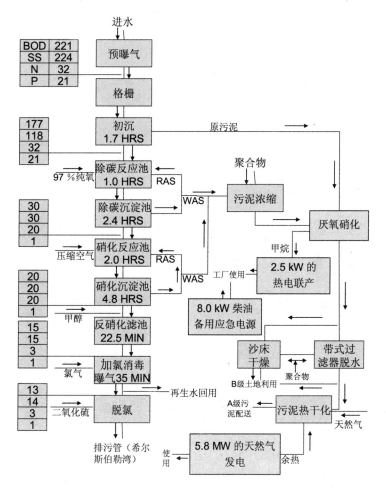

图 4-5 Howard F.Curren 污水处理厂工艺流程图

（3）反硝化滤池

高效反硝化滤池是该厂的工艺特色，是获得高质量出水的保证。反硝化采用深床单层滤料滤池，甲醇为补充碳源。32 个反硝化滤池分为 10 个一组（共两组）和 6 个一组（共两组）的运行模式。有如下三个主要的过滤周期：① 正常滤池周期；② 氮气释放周期；③ 全反冲洗周期。

在正常的过滤周期，硝化出水和补充碳源一起进入反硝化滤池进行反硝化。反硝化滤池内氮气以小气泡的形式存在，砂层和向下流动的流态阻止了大部分的氮气气泡上升到表面释放到大气中。氮气释放周期是指采用很短的冲洗周期来释放被过滤介质截留的氮气。氮气释放周期需要 2~4 h 的时间间隔。如果不在氮气释放周期内进行必要的反冲洗，氮气将继续积累，通过滤池的水头损失将增加，通过滤池的流量将会减少。自动控制为每个滤池提供了一个可调节的反冲洗时间。反硝化滤池对硝酸盐氮的去除率大于 90%。甲醇直接投加到进水渠中，甲醇的投加量与进入反硝化滤池的溶解氧、硝酸盐和亚硝酸盐负荷有关，甲醇投加根据进水量变化进行自动控制。当反硝化滤池启动时需要防止甲醇的过量投加。当出水硝酸盐浓度较低时（0.2~0.5 mg/L），可以检测到少量的硫化氢。投加量为甲醇：硝酸盐氮=3.2：1。反硝化出水将有很少或根本没有溶解氧。对反硝化出水进行再曝气，使出水溶解氧至少提高到 5.0 mg/L。对出水进行加氯消毒，余氯大于 1.0 mg/L。当排入 Hillsborough 湾时去除余氯。表 4-4 是反硝化滤池运行参数。图 4-6 和图 4-7 是反硝化滤池的设备间和甲醇加药系统。

表 4-4 反硝化滤池运行参数

		设计值	典型值
空床停留时间	min	20.6	21~25
水力负荷	GM/SF①	1.98	1.5~2.0
进水 NO_3-N	mg/L	19	9~15
甲醇投加比例	kg 甲醇/kg NO_3^--N	3.0	2.9~3.2
脱氮气反冲时间	次/d	4~9	12~16
反冲洗频率	次/周	2	6~7

注：① GM/SF 即 gallon per minute/square feet（加仑每分钟每平方英尺）。

图 4-6 反硝化设备间

图 4-7 甲醇投加系统

案例二：锡拉丘兹城市污水处理厂

该厂位于美国纽约州锡拉丘兹市，服务人口 27 万人，日均处理量 84.2×10^6 加仑[①]/d，约合 32 万 m^3/d，出水排入 Onondaga 湖。当地对出水水质中氨氮浓度要求严格，而该污水处理厂在 2004 年前出水氨氮浓度都在 2 mg/L 以上。1996 年出水氨氮平均浓度高达 15.8 mg/L，2003 年接近 5 mg/L，所以去除氨氮成为该厂的重点工作之一。

该厂在 2004 年 1 月开始运行 BAF 工艺，出水氨氮浓度显著下降，2005 年小于 1 mg/L，2006 年平均浓度为 1.44 mg/L，基本符合出水水质标准。该工艺由 Krüger 公司（Veolia 的子公司）改进，称为 BIOSTYR®工艺。BIOSTYR®工艺有 8 个离心风机和 18 个独立单元，装有聚苯乙烯轻质小球，直径为 0.14 英寸[②]，约合 3.6 mm，比表面积大，适于硝化细菌生长。在 BAF 工艺之后，为满足除磷需要，设置了 Krüger 公司的高速絮凝沉淀（HRFS）工艺，即 ACTIFLO®工艺。该厂 2006 年出水磷平均浓度为 0.15 mg/L，基本满足出水水质标准。

4.5 二级处理+膜分离+消毒

二级处理工艺可根据进水水量水质、土地情况、基建和运营费用等方面根据具体情况进行选择。

- 对于日规模小于 10 万 t 的中小型污水处理厂来说，氧化沟和

---

① 1 加仑（美）=3.785 L。

② 1 英寸=0.025 4 m。

SBR 是首选工艺。在氧化沟各种工艺中，考虑其各自的特点及污水脱氮除磷的要求，推荐中小城市使用较成熟的卡鲁塞尔氧化沟。而在 SBR 的各种工艺中应用以 CASS 工艺为主

- 若进水 $BOD_5/TP > 20$，可选用 A^2/O；若进水的 $BOD_5/TP <$ 20，JHB、UCT 和 MUCT 等改良工艺会更适合一些。

- 膜分离单元的进水水质需要满足一定要求。微滤主要是用于降低浊度和去除一些胶体型的悬浮物，超滤的去除效果较微滤更好，但运行的工作压力也更高。MF+RO 或 UF+RO 的双膜工艺应用越来越广。大型再生水厂应用 MBR 工艺应该格外慎重。

- 从消毒副产物生成的可能性以及出水排放到受纳水体时的潜在毒性来看，UV 对环境的潜在风险较小，其次为臭氧、二氧化氯、液氯。

案例：北京清河再生水厂

北京清河再生水厂是一座采用超滤膜工艺的再生水厂，其进水为清河污水处理厂的二级出水，超滤系统的出水主要应用于奥利匹克中心区的景观及绿化项目，而且还成为"鸟巢"等众多奥运场馆的日常用水。

清河再生水厂采用超滤膜系统设计，进水量为 87 000 m^3 左右，净产水量 80 000 m^3/d。每组膜池安装 9 组 ZW—1000 膜箱，设计最高膜通量 23 L/ ($m^2 \cdot h$)，其中 7 个膜箱内装有 57 个膜元件，2 个膜箱内装有 60 个膜元件。膜组件主要由外压浸没式超滤膜构成，膜材料为聚偏氟乙烯，超滤膜采用"由外至内"的流动方式，孔径为 0.02 μm 的中空纤维膜进行过滤。表 4-5 是清河再生水厂的 ZW—1000 超滤膜参数。

表4-5 ZW—1000 膜系统参数[①]

参数	数值	参数	数值
可耐受氯浓度（清洗时）	500 mg/L（以 Cl_2）	膜列数	6
耐受最大氯浓度	1 000 000 ppm/h	每个膜组件的外表面积	46.5 m^2
标称孔径	0.02 μm	透膜压差运行范围	10～80 kPa
单个膜箱最大膜组件数	57（60）	最大透膜压差	80 kPa
每个膜列的膜箱数	9		

注：① 本案例及数据参考《城镇污水处理及再生利用工艺分析与评价》P203。

清河再生水厂2006年年底投入运行，在此后的一年里超滤膜系统出水一直比较稳定，表 4-6 是该厂的进出水水质，从中可以看出超滤工艺对于氮、磷基本没有去除能力。在这一年里，处理水的单耗为 0.3 kWh/m^3，总的回收率为 87%。

表4-6 清河再生水厂超滤膜进、出水水质（2007）

项目	进水	出水
COD/（mg/L）	36.04	20.95
SS/（mg/L）	12.6	5
浊度/NTU	2.04	0.77
NH_3-N/（mg/L）	1.74	1.42
TN/（mg/L）	16.97	16.44
TP/（mg/L）	1.00	0.89
粪大肠菌群/（个/L）	$1.0×10^5$～$2.4×10^6$	$5.5×10^2$

清河再生水厂的超滤膜在工作一定时间后采用气水联合反冲洗和化学清洗，设计每列膜池每次反冲洗持续时间约 30 s，每天每列膜池反洗次数为 29 次。反冲洗过程中透过液反向冲洗膜，同时从膜

下方注入空气对膜丝外表面进行擦洗，空气擦洗产生垂直方向的混合搅动并在膜表面形成剪切力，有利于将污染物质冲离膜丝。

化学清洗分为维护性清洗及恢复性清洗。维护性清洗设计采用 100 mg/L 的次氯酸钠每日清洗 1 次，每次 25 min；恢复性清洗采用 1 000 mg/L 的柠檬酸和 500 mg/L 的次氯酸钠两种药剂，每种药剂设计每年清洗 12 次，清洗持续时间为每列每次 6 h。但实际上，恢复性清洗是产水过程中 TMP 达到最大允许值时才启动的，而这一周期与进水水质关系密切。在开始运行的近半年时间里，TMP 不足 10 kPa，如按设计进行恢复性清洗，将会浪费化学药剂，同时增加超滤膜的耐氯指标，影响膜的使用寿命，实际运行根据进水水质、运行工况及 TMP 变化确定恢复性清洗周期。

4.6　一级处理+MBR+消毒

- 预处理是 MBR 工艺非常重要的一个环节，在传统的格栅后应加精细格栅；日处理量在 2 万 t 以上的 MBR 工艺可设置初沉池。
- MBR 生物处理工艺在很大程度上决定着总体效能，生物处理工艺的选择与二级处理无异。
- 若单独采用 MBR，则其出水仍有一些浅黄色，可采取臭氧或活性炭进一步去除色度；对内分泌干扰物或痕量有机物的去除可采用高级氧化、活性炭吸附或反渗透。
- 从消毒副产物生成的可能性以及出水排放到受纳水体时的潜在毒性来看，UV 对环境的潜在风险较小，其次为臭氧、二氧化氯、液氯。

案例：德国北运河污水处理厂

德国卡尔斯特小镇属于德国诺伊斯市，位于莱茵河畔，小镇交通便利，气候宜人，环境优雅。该镇的北运河污水处理厂是早期大型 MBR 工艺的技术典范，2005 年时该厂是全球最大的 MBR 污水处理厂。

北运河污水处理厂始建于 1967 年，接纳处理来自卡尔斯特市、科申布洛赫及诺伊斯的生活污水，处理后的污水排放到北运河。北运河是在拿破仑时代开始兴建的一条运河，不属于天然水体，运河自身的水流量很少，而且流速很小。随着排放标准的不断提高，该厂的处理水平已经不能够满足相应的标准。根据卡尔斯特市的土地发展规划，待扩建的污水处理厂必须放弃现有的厂址，需要另选厂址。扩建工程于 1998 年开始设计，原采用传统活性污泥法方案，而在此期间德国第一座 MBR 污水处理厂在罗丁根的投产运行取得了宝贵的经验。为此，当局建议改变原设计方案，转而采用 MBR 工艺。

北运河污水处理厂的日均处理规模为 4.5 万 m^3，预处理包括 2 台 5 mm 细格栅，以及防止纤维、织物等在膜组件的缠绕，之后是曝气沉砂池。曝气沉砂池的出水又经过了 2 台 1 mm 的粗筛，以及防止毛发丝在膜组件的缠绕。生物池工艺采用的是 A/O 脱氮，缺氧池与好氧池之间没有过渡区，剩余污泥处理采用离心脱水机，工艺流程图如图 4-8 所示。

生物池共分为 4 个系列，4 个反硝化（DN）的池容为 2 600 m^3，过渡区总池容为 1 000 m^3，好氧区总池容为 5 600 m^3。每个膜池安装两个膜列，每个膜列由 24 组 ZW500c 膜箱组成，膜池混合液回流比为 4。每个膜箱的膜面积为 440 m^2，包含 22 个膜元件，每个膜元件的膜面积为 84 480 m²。

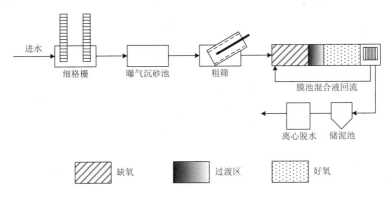

图 4-8   北运河 MBR 工艺流程图

在运行过程中，膜通量维持在 25 L/（m²·h）左右，为缓解膜污染，采用间歇式大气泡曝气，曝气周期是 10 s 曝气、10 s 间歇。物理清洗包括 7 min 进行 1 次反冲洗，持续时间为 60 s，反冲洗强度为出水量的 1.5 倍。维护性化学清洗每两周进行一次，将膜池排空，选择性地采用不同的清洗剂，包括 500 mg/L 的次氯酸钠对膜进行 1 h 的反冲洗。化学清洗在单独的清洗池中进行，清洗池容积为膜池的 12.5%。

北运河污水处理厂的出水水质良好，即使 COD 超过 800 mg/L，出水 COD 也低于 25 mg/L，BOD 一般都低于 5 mg/L。硝化效果也很稳定，在冬季水温低于 10℃ 时，出水氨氮甚至低于 0.1 mg/L。为了控制出水总磷，该厂采用了同步化学除磷，出水总磷一般低于 0.5 mg/L，2007 年该厂的电耗为 0.85 kWh/m³。